Bernhard Lehnert

Einfach mähen mit der Sense

ökobuch

Staufen bei Freiburg
www.oekobuch.de

Bibliografische Information der Deutschen Nationalbibliothek

Die Deutsche Nationalbibliothek verzeichnet diese Publikation
in der Deutschen Nationalbibliografie; detaillierte bibliografische
Angaben sind im Internet unter http://dnb.d-nb.de abrufbar.

ISBN 978-3-936896-34-3

1. Auflage 2008

© ökobuch Verlag, Staufen bei Freiburg 2008
    Internet: www.oekobuch.de

Druck: fgb Freiburger Grafische Betriebe, Freiburg

Inhalt

Vorwort

Die Sense ist weit davon entfernt, als Relikt vergangener Tage im Museum zu verstauben. Das Mähen mit der Sense erfreut sich seit Jahren wieder zunehmender Beliebtheit. Die Gründe dafür sind beinahe so vielschichtig wie die Menschen, die zu diesem Jahrtausend alten Erntewerkzeug greifen.

Da gibt es die Freizeit- und Hobbylandwirte, die Grünfutter für Kaninchen, Schafe, Ziegen und Pferde mit der Sense einbringen. Auch Gartenbesitzer, die den kurzgeschorenen Einheitsrasen gegen die bunt blühende Wildblumenwiese eintauschen, greifen gern zur Sense, weil diese sowohl hohes als auch nasses Gras problemlos schneidet. Daneben wird das Mähen mit der Sense auch bei ökologisch denkenden Menschen zunehmend beliebt, die genervt vom Lärm der Motormäher einen Beitrag zur Klimapflege leisten möchten, im Großen wie im Kleinen. Und all jene schätzen die Sense, für die es ein Vergnügen ist, ein leistungsstarkes Handwerkzeug zu benutzen, bei dessen Gebrauch Mensch, Werkzeug und Arbeit nahtlos zu einem einzigen rhythmischen Strom verschmelzen.

Tatsächlich ergänzt eine gute Sense die Kräfte des Körpers auf spürbare und angenehme Art. Man arbeitet zusammen. Eine gute Sense ist leicht, sie lässt sich locker und bequem handhaben. Eine richtig eingestellte Sense verursacht keine Schmerzen. Kein Körperteil wird allzu sehr belastet, und es ist möglich, ohne Überanstrengung stundenlang mit ihr zu arbeiten. Weil die Sense keinen Motor hat, der das Tempo der Arbeit bestimmt, sondern geräusch- und geruchlos arbeitet, verschafft sie das Vergnügen, alles wahrzunehmen, was während der Arbeit im Umfeld vor sich geht. Denken Sie immer daran: Mit einer Handsense mähen Sie, und nicht die Sense mäht mit Ihnen, wie es bei der Motorsense der Fall ist.

Viele Sensenbesitzer sind aber heute mit einer Fülle von Fragen zur Handhabung der Sense beim Mähen und zum richtigen Gebrauch von Dengelwerkzeug und Wetzstein auf sich allein gestellt. Dieses Buch vermittelt Tipps und Kniffe zum leichten Mähen und richtigen Schärfen der Sense. Wer beispielsweise weiß, wie die Sense am Sensenbaum befestigt, auf welche Weise beim Schärfen mit dem Wetzstein an der Schneide entlang gestrichen wird oder wann die besten Mähzeiten sind, der wird das Mähen mit der Sense neu entdecken.

Außer Routine sind es besonders die vielen kleinen Kniffe, mit denen sich der erfahrene Schnitter/die erfahrene Schnitterin das Mähen erleichtert. Wer um all diese Dinge weiß, für den wird das Mähen mit der Sense in Zukunft keine kräfteraubende und schweißtreibende Angelegenheit sein, sondern „Mährobic" in der Natur, verbunden mit einem guten Mähergebnis.

Im April 2008   Bernhard Lehnert

1 Die Sense

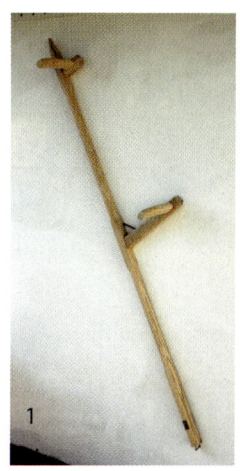

Eine gebrauchsfertige Sense besteht aus 4 Teilen:

- Sensenbaum, auch
  Worb genannt (1);
- Sensenblatt (2);
- Sensenring (3);
- Sensenschlüssel (4).

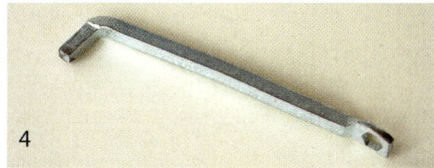

Zum Schärfen der Sense sind zudem folgende Werkzeuge nötig:

- Wetzstein (5);
- Dengelhammer (6);
- Dengelamboss (7) und/oder
- ein Schlagdengelapparat (8).

Schärfe und Schnitthaltigkeit

Eine gute Sense zeichnet sich vor allem durch ein scharfes Sensenblatt aus. Schärfe, also Schnittfähigkeit und Schnitthaltigkeit bestimmen die Güte einer Sense.

Die Schnittfähigkeit ist abhängig von der Härte des Stahls und der Qualität des *Dangls* (äußerer Teil des *Riefens*, siehe Abb. 112, Seite 61). Mangelhafte Härte führt zu einer raschen Abnutzung der Schneide. Zu große Härte erschwert das Dengeln und das Schärfen mit dem Wetzstein.

Die Schnitthaltigkeit bestimmt, wie lange gemäht werden kann, bevor die Sense wieder geschärft werden muss. Je länger eine Sense ihre Schärfe hält, je mehr Fläche man mähen kann bis zur nächsten Wetzpause, desto besser ist sie. Die Schnitthaltigkeit lässt sich durch sachgemäßes Dengeln verbessern.

Das Sensenblatt

Sensenblätter werden im Handel in unterschiedlichen Ausführungen und Qualitäten verkauft. Sie unterscheiden sich auf den ersten Blick in Länge und Breite, der Krümmung des Rückens und der Schneide, sowie der Stellung der *Hamme* (siehe Abb. 11, Seite 8). Früher wurde die Sensenlänge in „Hand" gemessen. Heute wird die Sensenlänge in cm angegeben und ist meist auf der Rückseite der Hamme eingestanzt. Gemessen wird die Länge von der Ferse über den Rücken bis zur Spitze. Die im Handel erhältlichen Blattgrößen sind zwischen 30 und 140 cm lang und 50 bis 80 mm breit.

9
Geschmiedete (oben) und gewalzte (unten) Grassense.

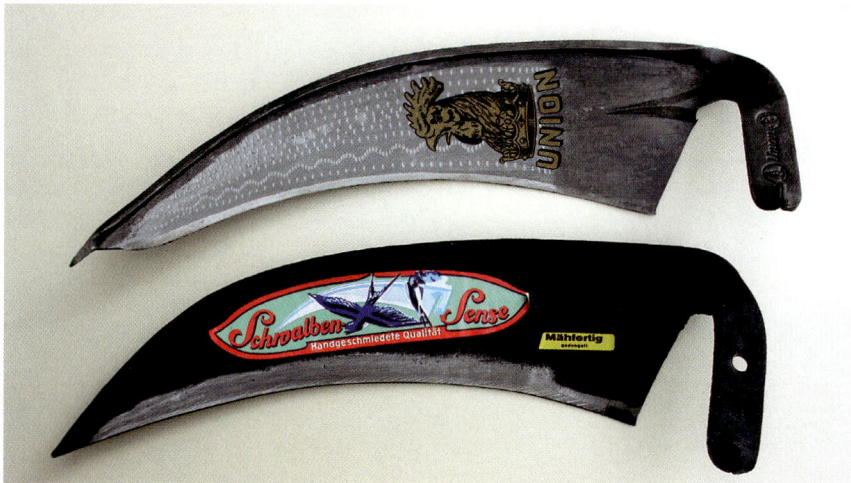

Im Handel sind zu finden:

- geschmiedete Sensen;
- gewalzte Sensen; gewalzte Sensen werden auch als halbgeschmiedete Sensen bezeichnet.

10
Geschmiedete (oben) und gewalzte (unten) Buschsense.

Wie bei allen schneidenden Werkzeugen ist es auch bei Sensen wesentlich, dass sie aus einem hochwertigen Stahl geschmiedet werden. Leider ist dies aber nicht immer der Fall. Viele der sogenannten halbgeschmiedeten Sensen werden aus einfachem und preiswertem Stahl hergestellt.

Die Qualität des Stahls hängt wesentlich von seinem Kohlenstoffgehalt ab. Ein höherer Kohlenstoffgehalt bedeutet größere Härte, aber auch Sprödigkeit des Materials. Bei halbgeschmiedeten Sensen wird nicht selten Hartstahl mit einem Kohlenstoffgehalt von 1 Prozent und mehr verarbeitet. Bei den geschmiedeten Sensen beträgt der Kohlenstoffgehalt des Stahls dagegen 0,70 – 0,80%.

Aus langjähriger Erfahrung weiß ich, dass viele der halbgeschmiedeten Sensen ein zu dickes Metallblatt haben und sich nur schwer oder gar nicht dengeln lassen. Nicht selten ist der verwendete Stahl so spröde, dass die Schneide beim Dengeln reißt.

Aufdrucke auf den Sensen wie „Schneidstahl", „Silberstahl", „Chromstahl" oder „Diamantstahl" bieten keine Gewähr für eine besonders gute Stahlqualität, sondern sollen einzig und allein den Kaufinteres-

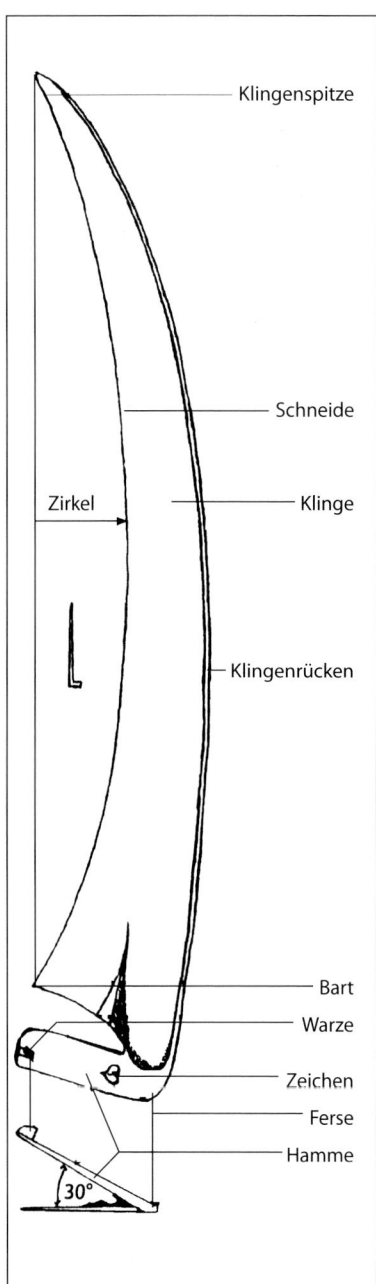

Klingenspitze

Schneide

Zirkel

Klinge

Klingenrücken

Bart

Warze

Zeichen

Ferse

Hamme

30°

11 Sensenblatt – Benennung der Teile.

senten beeindrucken. Gleiches gilt auch für den Aufkleber „Mähfertig", der selbst auf Sensen von so minderwertiger Qualität klebt, dass sie kaum einen Grashalm schneiden werden. Geschmiedete Sensen sind qualitativ die besseren Sensen. Sie sind dünner und leichter, besser verarbeitet und haben eine relativ dünne und scharfe Schneide. Qualität hat natürlich auch ihren Preis. Geschmiedete Sensen sind um einiges teurer als die preiswerteren halbgeschmiedeten Sensen.

Merkmale der Sense

Trotz der Unterschiede und Formenvielfalt in Länge und Breite besitzen alle Sensen die gleichen funktionalen Merkmale:

- Spitze
- Rücken
- Hals/Ferse
- Hamme
- Warze/Dorn
- Bart
- Schneide

Das Sensenblatt ist bei fast allen geschmiedeten Sensen in der Breite mehr oder weniger stark gewölbt und verjüngt sich vom Rücken zur Schneide hin keilförmig. Eine gute Wölbung erleichtert die Führung der Sense und erhöht die Haltbarkeit der Schneide, weil durch die Wölbung die Schneide beim Mähen vor zu tiefer Lage geschützt ist und weniger mit Steinen und hochstehenden Baumwurzeln in Berührung kommt. Die Blattwölbung begünstigt überdies den günstigeren Schrägschnitt beim Mähen.

Der verstärkte Rücken verleiht dem Sensenblatt seine Stabilität. Gleichzeitig nimmt der hochstehende Rücken das geschnittene Gras beim Mähen mit und legt es auf der linken Seite ab. Mit dem verstärkten Rücken läuft das Blatt in die Hamme aus. Die Stelle, an der der Rücken in die Hamme übergeht, wird *Ferse* oder *Hals* genannt. Die Hamme selbst dient der Befestigung des Sensenblattes am Sensenbaum. Das untere Ende der Hamme hat meist einen nach oben stehenden Dorn, die sogenannte *Warze*. Beim Anbringen des Blattes am Sensenbaum wird die Warze in das Warzenloch am Sensenbaum gesteckt.

Das rechte Ende des Blattes wird als *Bart* bezeichnet, das linke als *Spitze*. Zur Sensenspitze hin wird der Sensenrücken in der Regel etwas flacher und läuft dann in das sogenannte *Firmle* aus. Das Firmle endet in der Spitze. Die Sensenspitze schneidet beim Mähen kein Gras, sondern übernimmt eher die Funktion des Vorbahnens. Eine leichte Aufschweifung der Sensenspitze vom Boden weg bedingt, dass die Sense gut über Unebenheiten hinweg gleitet.

Einige Sensenformen haben eine dornartig verstärkte Spitze. Diese Sonderausführung wird *Steinspitze* oder *Schnabel* genannt. Die verstärkte Spitze schützt das Sensenblatt vor Beschädigungen, beispielsweise dann, wenn die Sense beim Mähen gegen ein Hindernis stößt, wie gegen einen größeren Stein oder einen Baumstumpf.

Vom Bart bis zur Spitze verläuft die keilförmige *Schneide*. Die Schneide besteht aus dem sogenannten *Riefen* und dem *Dangl*. Mit Riefen ist die etwa 2 bis 4 mm breite Schneide gemeint. Der Dangl ist der äußerste Teil des Riefens, der beim Bestreichen mit dem Fingernagel nachgibt.

Den Bogen, den die Schneide beschreibt, nennt man *Zirkel*. Um die Stärke der Biegung zu ermitteln, wird der Zirkel an der höchsten Stelle der Biegung gemessen. Dazu stellt man die Sense mit Bart und Spitze auf eine Tischkante. Die Praktiker haben dafür noch heute ihr eigenes Maß, den *Finger*. Hat eine Sense beispielsweise einen Zirkel von 2 Finger, so bedeutet dies, dass man unter der Schneide an der höchsten Stelle 2 Finger durchschieben kann. In der Praxis entspricht das Fingermaß etwa 2 cm.

Woran erkennt man ein gutes Sensenblatt?

Der Kauf eines guten Sensenblattes ist für den Laien meist Glückssache, da es ihm nicht anzusehen ist:

- wie lange das Sensenblatt die Schärfe beim Mähen hält
- und ob es sich gut und leicht dengeln lässt.

Früher beurteilte man beim Sensenkauf nicht selten die Qualität der Sense nach dem Klang. Dazu hat man das Sensenblatt mit dem Fingerknöchel oder Sensenschlüssel angeschlagen. Je höher der Ton, desto besser die Sense. Die Beurteilung der Qualität durch die Klangprüfung ist jedoch nicht zuverlässig, da breite Blätter tiefer tönen und schmale heller. Eine sichere Beurteilung der Qualität kann erst nach dem Dengeln erfolgen.

Einige Verarbeitungsmerkmale ermöglichen es aber auch dem Laien, ein hochwertiges von einem minderwertigen Sensenblatt zu unterscheiden:

- das Sensenblatt ist ähnlich wie ein Schiffsrumpf leicht gewölbt;
- die Spitze läuft in einer Aufschweifung vom Boden weg;
- vom Rücken zur Schneide verjüngt sich das Blatt keilförmig;
- das Sensenblatt ist sauber verarbeitet, ohne Verdickungen oder Unebenheiten im Blatt;
- die Schneide ist auf der gesamten Länge nicht dicker als 0,5 mm;
- ein schmales, 65 cm langes Grassensenblatt soll nicht mehr als 500 g wiegen.

Charakteristisch für ein hochwertiges Sensenblatt ist ein leicht gewölbtes, dünnes Blatt, das sich zur Schneide hin keilförmig verjüngt und das zur Spitze hin in einer leichten Aufschweifung ausläuft. Die Wölbung verleiht dem Sensenblatt eine erhöhte Stabilität und erleichtert die Führung der Sense. Zudem bleibt die Schärfe der Schneide länger erhalten, weil diese beim Mähen vor zu tiefer Lage geschützt ist und weniger mit Steinen und Wurmkot in Berührung kommt. Sie können dies überprüfen, indem Sie den Sensenbaum so führen, dass das Sensenblatt auf dem abgerundeten Rücken über den Boden gleitet; dabei darf die Schneide nicht den Boden berühren. Darüber hinaus wird durch die Blattwölbung automatisch der günstigere Schrägschnitt beim Mähen erzielt.

Die leichte Aufschweifung der Sensenspitze vom Boden weg bedingt, dass die Sense gut über Unebenheiten des Bodens hinweg gleitet und während des Mähschwunges nicht in der Erde oder in Grasbüscheln stecken bleibt.

Bei einer neuen Sense soll ein vom Bartende bis zur Sensenspitze gleichmäßig keilförmiger Riefen vorhanden sein, so dass das Andengeln nicht allzu lange Zeit beansprucht. Blätter, die am Bartteil und an der Spitze Dicken von 1mm und mehr aufweisen, sollten nicht gekauft werden, da sie sich nur schlecht dengeln lassen und meist ein nur ungenügender Dangl erzielt wird.

Beim Sensenkauf ist es nicht sinnvoll, zu knausern, sondern Sie sollten die Beste nehmen, die Sie bekommen können. Auch wenn die preiswerten gewalzten Sensen oft nur die Hälfte oder gar ein Drittel der geschmiedeten Sensen kosten, zahlt sich die Anschaffung der teuren Sense schnell aus. Denn nur qualitativ hochwertige Sensen lassen sich gut schärfen, so dass das Mähen mit der Sense leicht von der Hand geht. Zudem hält ein hochwertiges Sensenblatt bei sachgemäßem Gebrauch und entsprechender Pflege in der Regel Jahrzehnte.

Welche Sense für welches Mähgut?

Eine Universalsense für alle Mäharbeiten gibt es nicht. Eine Grassense mit dünnem, scharfem Dangl schneidet keine verholzten Baumschösslinge und unter einer robusten Heidesense ducken sich die Wiesengräser weg, um sich nach dem Mähschwung unbeschnitten wieder aufzurichten. Nicht jeder Bewuchs lässt sich gleich gut mit derselben

12
Geschmiedete Grassense mit Steinspitze.

13
Buschsense.

Sense mähen, sondern es bedingt verschiedene Ausführungen, wenn beim Mähen mit geringster körperlicher Beanspruchung auf Dauer eine gute Mähleistung erzielt werden und die Sense keinen Schaden nehmen soll.

Je nach Aufwuchs und je nachdem, was zu mähen ist, braucht man zur Grundstückspflege eine:

- Grassense mit feinem Dangl für saftige Wiesengräser und Wiesenblumen; sie schneidet auch Brennnesseln und einjährige Baumschösslinge, die noch nicht verholzt sind, ohne dass die Schneide in Mitleidenschaft gezogen wird,
- Grassense (Staudensense) mit robustem Dangl für vertrocknete Wiesengräser, grüne hartstängelige Pflanzen wie Goldrute oder Rainfarn,
- Busch- oder Heidesense für verholzte einjährige Pflanzen, wie Brennnesseln, Rainfarn, Schilf oder Baumschösslinge,
- Freistellungs- oder Forstkultursense für verholzte, fingerdicke Baumschösslinge und Sträucher.

Für spezielles Mähgut und besondere Mäharbeiten gibt es entsprechende Sensen wie Hopfen-, Weinberg- oder die Unterwassersense für den Schilfschnitt.

14
Forstkultursense.

15
Unterwasser-
sense.

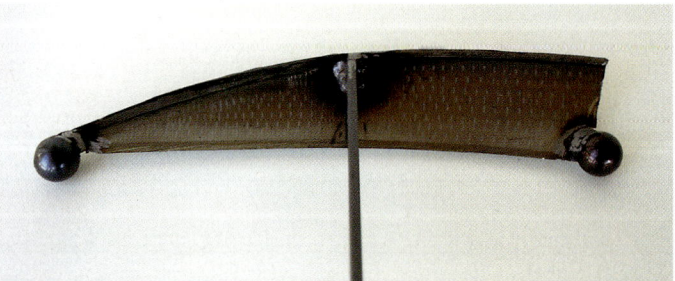

Die Grassense

Am meisten verbreitet sind heute Grassensen. Bei genauerem Hinsehen fällt die Formenvielfalt dieses Sensentyps auf. Es gibt:

- kurze und lange Grassensen, in Längen von 50 bis 140 cm,
- schmale und breite Grassensen,
- Grassensen mit flachem oder bogenförmigen Zirkel.

Dem Laien mag die Verwendung so vieler unterschiedlicher Typen eines überall zu der gleichen Verrichtung verwendeten Mähgerätes unverständlich erscheinen. Formbestimmend sind:

- Wo gemäht wird,
- was gemäht wird,
- das Klima und
- traditionelle Einflüsse.

Wesentlichen Einfluss auf die Länge des Sensenblattes hat die Geländeform. Auf weiten, ebenen Flächen werden in der Regel Sensen von 80 cm Länge und mehr benutzt. Um dagegen in steinigen Gebirgslagen, auf Buckelwiesen, in Kleingärten oder zwischen den Stämmen von Streuobstbeständen zu mähen, sind Sensen von 50 bis 75 cm Länge besser geeignet.

16 (links)
Mäher mit langer Sense.

17 (rechts)
Mäher mit breiter Sense.

Neben dem Einfluss der Geländeform verlangt insbesondere die Art des zu mähenden Bewuchses ein geeignetes Gerät. Zum Mähen flacher Fettwiesen finden Grassensen bis 100 cm Länge Verwendung und auf ebenen Bergwiesen mit nicht so dichtem Bewuchs Sensen mit über 100 cm Länge.

In Finnland und den anderen skandinavischen Ländern mit überwiegend feuchtem Klima kommen etwa 2 cm schmale Sensen zum Einsatz. Die schmalen Sensen legen das geschnittene Gras nicht auf der Schwadseite ab, (also am Ende des Mähschwunges auf einen Haufen), sondern es fällt so, wie es geschnitten wird. Dadurch kann das geschnittene Gras innerhalb weniger Stunden trocknen und die Heuernte eingebracht werden, bevor der nächste Schauer kommt.

Während in Deutschland, Österreich und im slawischen Sprachraum traditionell schmale Sensenblätter im Gebrauch sind, wird vor allem in den romanisch-sprachigen Bergregionen mit breiten Sensen und besonders weit auslaufendem Bart gemäht.

Kurze oder lange Grassense?

Wenn es das Gelände zulässt, sind lange Sensenblätter zum Mähen von Gras vorteilhafter als kurze Sensen. Die lange Sense erzielt durch ihre günstigere Schnittwinkelstellung einen langen, ziehenden Schnitt, während bei der kurzen Sense der Zug nicht so lang ist. Dies bedingt, dass man mit der kurzen Sense schnellere Bewegungen macht als mit der langen. Die körperliche Anstrengung ist bei der kurzen Sense größer als bei der langen Sense, obwohl die Mähleistung wesentlich zurückbleibt.

Bei Versuchen mit verschieden langen Sensenblättern hat sich gezeigt, dass die Länge des Sensenblattes wesentlich die Mähleistung beeinflusst. Mit einem 60 cm kurzen Sensenblatt wird eine Mahdbreite bis 180 cm erreicht, ein 80 cm langes Blatt erzielt eine Mahdbreite von etwa 250 cm; und ein 90 cm langes Blatt schafft eine Mahdbreite von etwa 290 cm, d.h. die Mahdbreite ist etwa 3 mal so groß wie die Sensenlänge.

Einsteiger, die mit dem Sensenmähen beginnen, sollten mit einem 65er, 70er oder 75er Sensenblatt anfangen, da die längeren Grassensen etwas Erfahrung voraussetzen, was die Handhabung und Führung der Sense beim Mähschwung betrifft.

18 (links)
Grassense für
Rechtshänder.

19 (rechts)
Grassense für
Linkshänder.

Sense für Linkshänder

Sensen für Linkshänder sind im Handel nur schwer zu finden. So ist es nicht verwunderlich, dass die Mehrzahl der Linkshänder die Sense wie der Rechtshänder handhabt. Wer als Linkshänder jedoch lieber von links nach rechts mähen möchte, muss nicht darauf verzichten. Man benötigt spezielle Sensenblätter, die als Sonderanfertigung gegen einen geringen Aufpreis hergestellt werden.

Pflege und Aufbewahrung der Sense

Schlechte Pflege und eine unzweckmäßige Aufbewahrung beeinträchtigen die Leistungsfähigkeit und Lebensdauer einer Sense.

• Achten Sie darauf, dass nach jeder Mäharbeit die Sense gründlich mit Wasser abgerieben wird, damit sich weder Erde noch Mähgut festsetzen. Nach dem Trocknen im Freien wird die Sense in einer Scheune oder unter einem Dach im Trockenen aufgehängt.
• Nach der Mähsaison im Herbst sollte das Sensenblatt vom Sensenbaum genommen werden, um den Sensenring zu reinigen und zu ölen.
• Das Sensenblatt wird zum Schutz vor Rost im Herbst mit WD-40-Öl abgerieben. Eine so gepflegte Sense glänzt in grau-blauer Patina.
• Auch der Hammenteil des Sensenbaumes sollte gesäubert und mit Leinöl eingerieben werden.
• Sensen werden immer so gelagert oder aufgehängt, dass sie auf niemanden fallen und von Kindern nicht erreicht werden können. Unsachgemäß weggestellte oder aufgehängte Sensen können Unfälle mit tiefen Schnittverletzungen verursachen.

2 Der Sensenbaum

Voraussetzung für das leichte Mähen ist nicht nur ein scharfes und schnitthaltiges Sensenblatt, sondern es wird auch wesentlich vom Sensenbaum bestimmt. Wichtig ist:

• dass der Sensenbaum der Körpergröße des Mähers / der Mäherin entspricht und
• dass die Griffe richtig eingestellt sind.

Der Sensenbaum wird im deutschsprachigen Raum häufig auch als *Worb* bezeichnet. Daneben gibt es zahlreiche lokale, mundartliche Bezeichnungen.

Der Sensenbaum setzt sich zusammen aus dem *Baum* und ein oder zwei Handgriffen. Die gebräuchlichste Form ist heute der Sensenbaum mit zwei Handgriffen, wobei sich der Handgriff für die linke Hand am oberen Ende des Baumes befindet, während der Handgriff für die rechte Hand ungefähr in der Mitte des Baumes seitlich absteht.

20
Gerader Sensenbaum.

Tipp: Größe des Warzenloches
Für einen guten Sitz des Sensenblattes am Sensenbaum ist beim Ausstemmen mit dem Stechbeitel darauf zu achten, dass das Warzenloch nicht zu klein, keinesfalls aber zu groß ausgestemmt wird. Denn beim Befestigen des Sensenblattes am Sensenbaum mit Hilfe des Sensenringes soll sich die Warze in das Holz pressen.

Der Abstand des Warzenloches zum unteren Ende des Sensenbaumes beträgt 65 mm. Das Warzenloch selbst sollte nicht größer sein als 12 mm lang, 6 mm breit und 8 mm tief.

21 (oben)
Geschwungener
Sensenbaum.

22/23 (links u. Mitte)
Anzeichnen und
Ausstemmen eines Warzenloches
mit Stechbeitel.

24 (rechts) Das fertige Warzenloch.

Im Handel sind Sensenbäume aus Holz, Metall und Aluminium erhältlich. Es wird zwischen geraden und geschwungenen Baumformen unterschieden. Ein Sensenbaum gilt als gerade, wenn er in der Draufsicht und Seitenansicht gerade ist, mit Ausnahme des Hammenteiles. Eine Sensenbaum ist geschwungen, wenn er in der Seitenansicht eine bogenförmig Schweifung nach oben hat.

Der untere Teil des Sensenbaumes wird *Hammenteil* genannt, da dort die Hamme des Sensenblattes befestigt wird. Alle Sensenbäume haben mittig am Hammenteil ein sogenanntes Warzenloch oder eine entsprechende Einkerbung, wo das Warzenloch mit einem Stechbeitel selbst ausgestemmt werden muss. An der Oberseite des Hammenteiles ist der Sensenbaum abgerundet, damit der Sensenring einen guten Sitz hat. Die Unterseite des Hammenteiles dagegen ist flach, weil hier die Hamme aufliegt.

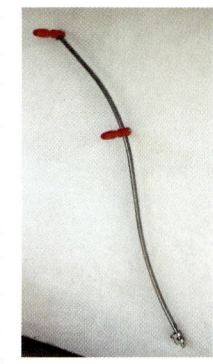

25
Geschwungener Sensenbaum (Metall).

Sensenbaumformen

Unterschieden wird zwischen Metall- und Holzsensenbäumen. Je nach Modell und Länge liegt das Gewicht der Sensenbäume zwischen 1200 und 1500 g.

Im Handel sind folgende Metallsensenbäume erhältlich:

- Geschwungener Sensenbaum aus flachovalem Rohr mit aufgeschobenen und verstellbaren Holzgriffen in Längen von 140 cm, 150 cm und 160 cm;
- Gerader Sensenbaum aus rundem Rohr mit höhenverstellbarem Mittelgriff auf „Krücke" und verstellbarem Obergriff in Längen von 150 cm und 160 cm;
- Gerader Sensenbaum aus rundem Rohr mit „Armstütz" für die linke Hand. Mittelgriff und Armstütz verstellbar. Länge 165 cm.

Im Handel erhältliche Holzsensenbäume:

- Gerader Baum, hohe Krücke mit feststehenden Griffen nach rechts;
- Geschwungener Baum, halb hohe Krücke mit feststehenden Griffen nach rechts;
- Geschwungener Baum, halb hohe Krücke mit verstellbaren Griffen nach rechts;

26
Gerader Sensenbaum mit hoher Krücke (Metall).

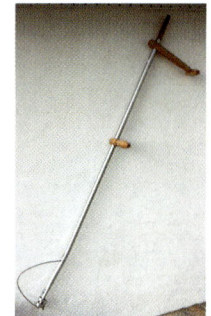

27
Sensenbaum mit Armstütz (Metall).

- Geschwungener Baum, feststehender Mittelgriff nach links mit T-Griff oben.

Darüber hinaus gibt es von kleineren Wagnereien und Stielfirmen allerlei regionaltypische Holzsensenbäume, die vor allem in der Griffstellung variieren.

28 (links) Gerader Sensenbaum mit hoher Krücke.

29 (Mitte) Geschwungener Sensenbaum mit halbhoher Krücke.

30 (rechts) Geschwungener Sensenbaum mit Mittelgriff nach links.

Tipp: Sensenbaum und aufrecht stehendes Mähen
Das leichte Mähen wird besonders von Sensenbäumen mit hoher oder halb hoher Krücke begünstigt, da diese den Griff für die rechte Hand in eine höhere Stellung bringen und so das aufrecht stehende Mähen begünstigt.

Die ideale Länge des Sensenbaumes

Die im Handel erhältlichen Sensenbäume sind zwischen 140 und 165 cm lang. Zum leichten Mähen sollte die Länge des Sensenbaumes auf die Körpergröße des Mähers/der Mäherin abgestimmt sein.

Die ideale Länge des Sensenbaumes gewährleistet, dass aufrecht stehend gemäht werden kann. So braucht ein kleiner Mäher einen kürzeren Sensenbaum als ein größerer Mäher. Ein kleiner Mäher kann jedoch auch mit einem längeren Sensenbaum mähen, ohne sich körperlich zu verbiegen. Ist der Sensenbaum aber zu kurz, zwingt dies den Mäher, sich beim Mähen zu weit nach vorne zu beugen. Eine zu

31 (links)
Ideale Länge
des Sensenbau-
mes und Kör-
perhaltung.

32 (rechts)
Zu kurzer Sen-
senbaum und zu
gebeugte Kör-
perhaltung.

gebückte Körperhaltung beansprucht die Rückenmuskulatur, führt zu Muskelverspannungen und schneller Ermüdung und verleidet auf Dauer die Arbeit mit der Sense. Die richtige Länge des Sensenbaumes ermitteln Sie, indem Sie von Ihrer Körpergröße 25 cm abziehen.

Beispiel: Körpergröße 175 cm – 25 cm =
150 cm ideale Länge des Sensenbaumes.

Beim Kauf eines Sensenbaumes können Sie die ideale Länge durch Größenvergleich ermitteln, indem Sie den Sensenbaum mit dem

33 (links)
Ermitteln der
richtigen Länge
des Sensenbau-
mes durch Grös-
senvergleich :
Richtige Länge.

34 (Mitte)
Länge zu gering.

35 (rechts)
Zu langer Baum.

36
Eingriffiger Sensenbaum mit Mittelgriff nach rechts.

37
Zweigriffiger Sensenbaum mit Mittelgriff nach rechts.

Hammenteil auf dem Boden aufrecht vor sich stellen. In dieser Position sollte der obere Griff für die linke Hand in etwa auf Höhe des Kehlkopfes stehen.

Wenn Sie einen Sensenbaum mit idealer Länge und montiertem Sensenblatt halten, bequem, aufrecht stehend mit leicht gespreizten Beinen – rechter Arm ausgestreckt, linker Arm leicht angewinkelt – sollte das Sensenblatt ein bis zwei Zentimeter über dem Boden schweben.

Für Personen mit einer Körpergröße von 190 cm und mehr sind meines Wissens im Handel keine entsprechend langen Sensenbäume erhältlich. Wenn sich die „Riesen" unter den Mähern nicht das Rückgrat verbiegen möchten und sich ein entsprechendes Stück nicht selbst herstellen können oder möchten, empfehle ich, sich einen den persönlichen Körpermaßen entsprechen Sensenbaum von einem Wagner oder Stellmacher anfertigen zu lassen. Dies sind zwar alte Berufsbilder, aber Handwerker mit dem entsprechenden Können sind auch heute noch anzutreffen.

Die Griffe am Sensenbaum

Es wird zwischen ein- und zweigriffigen Sensenbäumen unterschieden. Im deutschsprachigen Raum sind überwiegend zweigriffige Sensenbäume im Gebrauch, während vor allem in Osteuropa Sensenbäume mit nur einem Griff in der Mitte des Baumes in Gebrauch sind. Sensenbäume unterscheiden sich wesentlich in der Platzierung und Form der Griffe. Dies trifft besonders auf den Griff für die rechte Hand zu, der etwa in der Mitte des Sensenbaums angebracht ist. So ist mancherorts der Handgriff für die rechte Hand nach rechts hin und andernorts nach links zum Sensenblatt hin ausgerichtet.

Die Handgriffe sind bei Metall- und Holzsensenbäumen in der Regel aus Holz gefertigt. Unlackierte Holzgriffe sind lackierten Holzgriffen vorzuziehen, da diese am besten die Handfeuchte aufnehmen.

Die Griffe sollten gut in der Hand liegen, damit die Bildung von Schwielen oder gar Blasen ausbleibt. Auf gute Form ist besonders am rechten Griff zu achten, da hier die Kraftübertragung von der Hand auf die Sense stattfindet.

Funktion und Stellung der Griffe

Für leichtes Mähen ist die Stellung des Griffes für die rechte Hand in der Mitte des Sensenbaumes von größerer Bedeutung als die Stellung des Griffes für die linke Hand am oberen Ende des Sensenbaumes.

Die rechte Hand ist bei einem Rechtshänder die eigentliche Mähhand. Über den Griff für die rechte Hand findet die Kraftübertragung auf die Sense statt und hält die Sense während des Mähens im bogenförmigen Mähschwung. Die Stellung des Mittelgriffes ist ausschlaggebend für den schiebenden oder ziehenden Mähschwung:

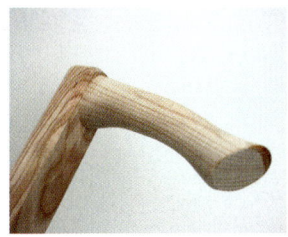

38
Geformter unlackierter Holzgriff.

- Zeigt der Mittelgriff nach rechts vom Sensenblatt weg, bedingt dies den schiebenden Mähschwung.
- Zeigt der Mittelgriff nach links zur Sensenspitze hin, bedingt dies den ziehenden Mähschwung.

Beim schiebenden Mähschwung hat die Sense durch die ungünstigere Gleichgewichtslage – besonders bei Anfängern – die Tendenz, mit der Spitze gegen den Boden zu gehen.

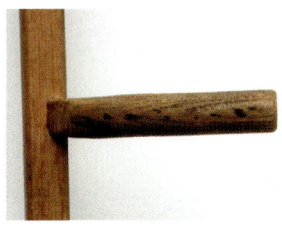

39
Gebogener Holzgriff nach links.

Beim ziehenden Mähschwung hingegen wird die Spitze vom Boden weggezogen, was vor allem Anfängern die ersten Mähschwünge erleichtert. Andererseits bewirkt die tiefere Griffstellung, dass der Oberkörper etwas mehr nach unten gebeugt werden muss.

Der Griff für die linke Hand am oberen Baumende dient der Führung der Sense. Dieser Griff ist bei manchen Sensenbäumen T-artig auf das obere Ende aufgesteckt, bei einigen Modellen zeigt der aufgesteckte Obergriff nach links oder rechts und bei anderen Modellen wiederum sitzt er auf einer kleinen Krücke, um nur einige Beispiele zu nennen. Für die linke Führungshand ist nicht unbedingt ein Griff erforderlich. Geübte Mäher verzichten oftmals darauf und umfassen mit der linken Hand stattdessen den Sensenbaum, um die Sense beim Mähen zu führen.

40
Holzgriff auf hoher Krücke.

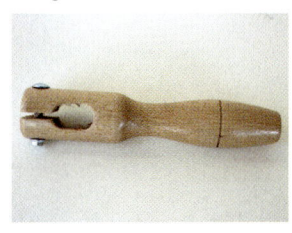

41
Lackierter Holzgriff für ovalen Metallsensenbaum.

42
Obergriff T-artig
aufgesteckt.

43
Obergriff auf
kleiner Krücke.

44
Obergriff seitlich
eingesteckt.

Idealer Griffabstand

Neben der Länge des Sensenbaumes ist der Abstand der Griffe zu-
einander für das leichte Mähen von Bedeutung. Muskelkater in den
Armen und Rückenbeschwerden rühren nicht selten von falsch ein-
gestellten Griffen her, die immer eine falsche Körperhaltung beim Mähen bewirken.

Vor allem bei Metallsensenbäumen mit aufgeschobenen Griffen ist
zu beobachten, dass sich mit der Zeit die Halteschrauben der Griffe
lockern und insbesondere der Mittelgriff zum oberen Ende des Sensenbaumes wandert. Bei einem zu geringem Abstand der Griffe ist
der Mäher zu einer zu aufrecht stehenden Körperhaltung gezwun-
gen. Daraus erfolgt eine starke Beanspruchung der Bauch- und Rük-
kenmuskulatur. Gleichzeitig verkleinert sich der Schnittbereich des
Mähschwunges.

45
Zu kleiner Griff-
abstand und
zu enge Kör-
perhaltung.

46
Zu großer Griff-
abstand und
zu gebeugte
Körperhaltung.

Verschiebt sich der Mittelgriff nach unten und wird der Griffabstand zu groß, kommt es zu Verspannungen der Rückenmuskulatur und einer stärkeren Belastung des rechten Armes. Des weiteren wird der Rücken mehr gebeugt und man mäht in einer zu tiefen Körperhaltung. Bei dichterem Aufwuchs kann der Mäher die Sense nur mit Mühe durchziehen.

Idealerweise sollte der Griffabstand nach meiner Erfahrung so groß sein, wie der Abstand der Achselhöhle bis zum mittleren Fingerglied des Mittelfingers der Mähhand. Der richtige Griffabstand lässt sich ermitteln, indem man den Griff am Ende des Sensenbaumes von unten in die rechte Achselhöhle legt und mit der rechten Hand versucht, den Mittelgriff zu umfassen. Bei dieser Messmethode hat der Sensenbaum den richtigen Griffabstand, wenn man den Handgriff mit der rechten Hand so umgreifen kann, dass die Hand am gestreckten rechten Arm den Griff locker umfasst.

Das Anpassen des Griffabstandes auf die Armlänge lässt sich fast ausschließlich bei Metallsensenbäumen mit aufgeschobenen Griffen vornehmen. Dazu wird die Schraubenmutter gelockert und der Griff für die rechte Hand in die richtige Position geschoben. Danach wird die Schraubenmutter wieder mit einem Schraubenschlüssel so festgezogen, dass der Griff festsitzt und nicht wackelt.

Nur bei einem im Handel erhältlichen Holzsensenbaum lässt sich der Griffabstand auf die Armlänge des Mähers einstellen. Bei den meisten anderen Holzsensenbäumen ist erfahrungsgemäß der Griffabstand um 1 bis 5 cm zu weit gestellt. Diese Abweichung vom Idealmaß liegt jedoch noch im Toleranzbereich und hat keine wesentlichen ergonomischen Auswirkungen.

47
Den richtigen Griffabstand ermitteln – beim Metallbaum.

Lockere Griffe

Gelockerte Griffe wirken störend beim Mähen und sollten umgehend festgestellt werden, wenn der Sensenbaum auf Dauer keinen größeren Schaden nehmen soll.

• Bei Holzsensenbäumen lassen sich die Griffe meist mit dünnen Holzkeilen, Holzdübeln und wasserfestem Holzleim feststellen.

- Bei Metallsensenbäumen können die Griffe meist durch Nachziehen der Schraubmuttern festgestellt werden. Gelingt dies nicht, weil die Griffe ausgeschlagen sind, so kann man sich meist damit behelfen, dass man die Griffe vor dem Festziehen der Schrauben mit dünnen Holz- oder Lederstreifen unterlegt. Hilft auch das nicht mehr, müssen die Griffe gegen neue ausgetauscht werden.

Tipp: Griffschraube & Flügelmutter

Mit der Zeit lockern sich die aufgeschobenen Holzgriffe der Metallsensenbäume. Wird dann die am Griff übliche kleine Schraubenmutter nachgezogen, kann es passieren, dass sich die Schraubenmutter ins Holz „frisst" und nicht mehr mit dem Schraubenschlüssel gelöst werden kann. Aus dieser Erfahrung heraus tausche ich die flachen Schraubenmuttern gegen Flügelschrauben aus, um die Griffe festzustellen. Die Flügelschraube erspart das Mitführen des Schraubenschlüssels, weil sie sich leicht von Hand lösen und feststellen lässt.

3 Sensenring und Sensenschlüssel

Unscheinbar, aber auch unentbehrlich ist der Sensenring. Ohne den Sensenring geht nichts. Der Sensenring dient dazu, die Hamme des Sensenblattes an den Sensenbaum zu pressen und auf diese Weise das Sensenblatt am Sensenbaum festzustellen. Mit dem Sensenring und der Verankerung der an der Hamme befindlichen Warze im Warzenloch wird das Sensenblatt am Sensenbaum befestigt.

Im Handel sind neben dem Sensenring mit Ringschraube, Sensenringe mit einer oder zwei Innenvierkantschrauben, verzinkt und unverzinkt erhältlich. Verzinkte Sensenringe haben den Vorteil, dass sie sich nicht mit Rost zusetzen und die Schrauben sich in der Regel immer leicht mit dem Sensenschlüssel lösen lassen.

Sensenringe gibt es in verschiedenen Größen für Metall- und Holzsensenbäume:

- Größe 1: 35 x 30 mm; Metallbäume; Ring mit 2 Schrauben;
- Größe 2: 35 x 35 mm; Metallbäume; Ring mit 2 Schrauben;
- Größe 3: 40 x 35 mm; Holzbäume; Ring mit 2 und 1 Schraube bzw. Ringschraube;
- Größe 4: 40 x 40 mm; Holzbäume; Ring mit 2 Schrauben.

Zum sicheren Feststellen bevorzuge ich den Sensenring mit 2 Innenvierkantschrauben.

Die Sensenringe mit Vierkantschrauben werden immer im Set mit einem passenden Sensenschlüssel verkauft. In der Regel sind diese Sensenschlüssel am Hebelarm zu kurz und nicht gehärtet, so dass sie bei entsprechender Beanspruchung verbiegen und unbrauchbar werden. Daher ist es empfehlenswert, sich mit dem Sensenring einen langen Sensenschlüssel aus Stahl zuzulegen.

   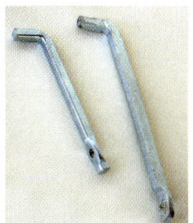

48
Ringschraube.

49
Ring mit 1 Schraube.

50
Ring mit 2 Schrauben.

51 Kurzer und langer
Sensenschlüssel.

Anbringen der Sense am Sensenbaum

Der Sensenring wird immer am Hammenteil des Sensenbaumes angeschraubt. Gehen Sie beim Zusammenbau einer neuen Sense wie folgt vor:

- Drehen Sie mit dem Sensenschlüssel die Vierkantschrauben so weit aus dem Sensenring, dass der Ring über den Sensenbaum passt.
- Stellen Sie den Sensenbaum mit dem oberen Griff am Boden auf und lassen den Sensenring über den Sensenbaum rutschen. Der Sensenring hängt nun am Mittelgriff.
- Nehmen Sie das Sensenblatt und setzen es mit der Warze ins Warzenloch. Bei der ersten Montage passt die Warze noch nicht richtig ins Warzenloch, so dass die Hamme noch nicht eben auf dem Hammenteil zum Liegen kommt.
- Während Sie mit der linken Hand das Sensenblatt am Sensenbaum halten, schieben Sie mit der rechten Hand den Sensenring soweit über die Hamme, dass er über der Warze steht.
- Drehen Sie nun mit dem Sensenschlüssel die Schrauben in den Sensenring. Dabei wird die Warze in das ausgestemmte Warzenloch gepresst.
- Wenn die Hamme eben auf dem Hammenteil des Sensenbaumes aufliegt, lockern Sie mit dem Sensenschlüssel et-

52 (ganz oben)
Zusammenbau der Sense.

53 (oben)
Der Sensenring wird
aufgeschoben.

54 (unten links)
Das Sensenblatt wird am
Hammenteil des Sensen-
baumes angelegt.

55 (unten rechts)
Die Schrauben am Sen-
senring werden mit
dem Sensenschlüssel
festgezogen.

was die Schrauben und schieben den Ring so weit, dass er etwa 2 cm über der Warze steht.

- Nun ziehen Sie die Schrauben an, bis die Sense fest am Sensenbaum sitzt.
- Übertreiben Sie das Festziehen der Schrauben aber nicht, denn sollte die Sense während des Mähens beispielsweise auf einen alten Baumstumpf treffen, soll das Sensenblatt, nach Art einer Rutschkupplung, freigegeben werden. Dadurch können Brüche oder Verspannungen des Sensenblattes vermieden werden.

4 Anstellen des Sensenblattes

Zum leichten Mähen mit guter Mähleistung reicht es nicht, das Sensenblatt einfach am Sensenbaum mit dem Sensenring zu befestigen. Vielmehr muss das Sensenblatt im richtigen Anstellwinkel am Sensenbaum befestigt werden. Beim Anstellen der Sense kommt es darauf an, das Sensenblatt so in eine Winkelstellung zum Sensenbaum zu bringen, dass die Sense optimal schneidet und mit geringstem Kraftaufwand möglichst lange gemäht werden kann.

Eine falsch eingestellte Sense erschwert das Mähen erheblich. Je größer der Winkel ist, desto größerer ist der Schnittbereich und desto ungünstiger trifft die Schneide auf die Halme. Entsprechend wächst der Kraftaufwand, weil sich die Sense dann nur schwer durchziehen lässt. Aus der mähenden Bewegung wird eine schlagende. Ist der Winkel dagegen zu eng, erfasst das Sensenblatt einen zu schmalen Streifen des abzumähenden Grases, so dass es beim Mähen trotz vieler Mähschwünge nur langsam vorwärts geht.

Eine Sense steht „weit" oder „eng", wenn sie nicht richtig angestellt ist. Zu weit stehende Sensen werden einwärts, zu eng stehende aufwärts gestellt.

Eine richtig eingestellte Sense schont beim Mähen die Kräfte. Deshalb ist die richtige Stellung des Sensenblattes zum Sensenbaum von großer Bedeutung für das leichte Mähen. Jeder Mäher sollte wissen, wie die jeweilige Sense für ihn und den zu mähenden Aufwuchs einzustellen ist. Das Anstellen einer Sense wird beeinflusst:

- vom Mäher,
- von der Sense,
- vom Mähgut,
- und von dem zu mähenden Gelände.

Erfahrene und körperlich starke Mäher können die Sense weiter stellen als schwache und unerfahrene Mäher. Länge und Form des Sensenblattes sowie die Form des Sensenbaumes bedingen generell eine jeweils andere Stellung des Sensenblattes am Sensenbaum. So müssen lange Sensen enger gestellt werden als kurze Sensen am gleichen Sensenbaum. Je nach Art und Stärke der zu mähenden Pflanzen muss die Sense neu angestellt werden. Bei schnittigem Mähgut ist es vorteilhaft, die Sense etwas weiter, bei unschnittigem Mähgut, enger zu stellen. So stellt man in der Regel, wenn das Gras noch taunass ist, die Sense weiter als bei trockenem Gras und hochstehender Sonne. Beim Mähen am Hang sollte man enger stellen als auf flachem Gelände.

Das Anstellen beziehungsweise das Überprüfen der Stellung des Sensenblattes zum Sensenstiel ist immer notwendig, wenn

- das Sensenblatt am Sensenbaum befestigt wird;
- sich die Sense beim Mähen verstellt hat;
- die Sense für eine bestimmte Mäharbeit eingestellt werden soll.

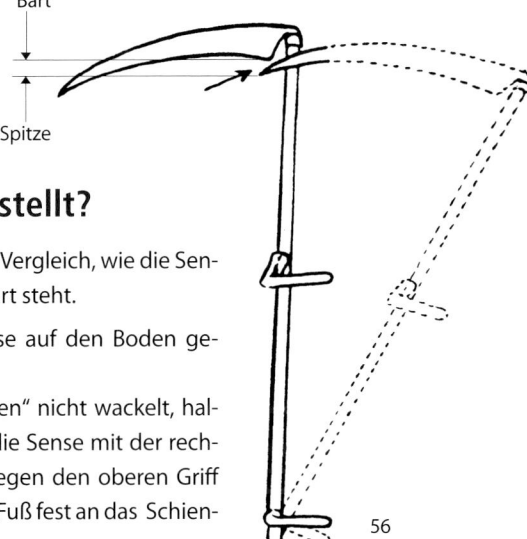

56
Anstellen des
Sensenblattes.

Wie wird richtig angestellt?

Das Anstellen erfolgt durch einen Vergleich, wie die Sensenspitze in Bezug zum Sensenbart steht.

- Zum „Anstellen" wird die Sense auf den Boden gelegt.
- Damit die Sense beim „Anstellen" nicht wackelt, halten Sie in gebückter Stellung die Sense mit der rechten Hand am Mittelgriff und legen den oberen Griff unmittelbar über dem rechten Fuß fest an das Schienbein an.
- Merken Sie sich oder markieren Sie den Punkt, an dem die Sense mit dem Bart am Boden aufliegt.
- Nun heben Sie die Sense am Mittelgriff so an, dass der Bart etwa 2 cm über der Erde steht, die Sensenspitze aber noch den Boden berührt.
- Jetzt schwenken Sie mit der rechten Hand am Mittelgriff die Sense derart nach rechts, dass die Sensenspitze an der Stelle zu liegen kommt, wo sich eben der Bart befand. Achten Sie dabei darauf, dass während dieser Anstellbewegung der obere Griff fest am Schienbein anliegt.
- Bei einer 65 cm langen Sense soll die Spitze im Idealfall 2 Fingerbreit (ca. 2 cm) unter dem Markierungspunkt für den Bart zum Liegen kommen.

- Steht die Sensenspitze höher als der Markierungspunkt, muss das Sensenblatt tiefer gestellt werden.
- Steht die Spitze mehr als 2 Fingerbreit tiefer als der Markierungspunkt, sollte das Sensenblatt weiter, d.h. aufwärts gestellt werden.

Je länger das Sensenblatt ist, um so tiefer wird die Spitze im Vergleich zum Bart gestellt.

Zum Anstellen oder Ändern der Stellung des Sensenblattes wird der Sensenring so weit gelockert, dass sich die Sense mit leichtem Druck in die gewünschte Stellung bringen lässt. Dann wird der Sensenring wieder festgezogen.

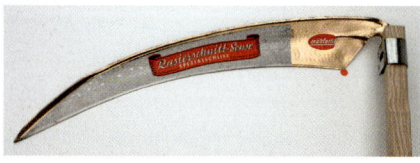

59
Den Anstellwinkel ermitteln –
Ausgangsstellung: Bart auf Markierungspunkt.

60
Idealer Anstellwinkel für eine 65er Sense – die Spitze liegt 2 Fingerbreit tiefer als der Bart.

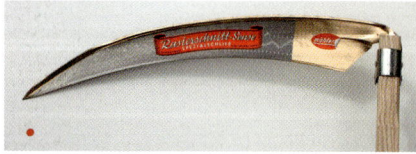

61 Anstellwinkel zu groß – die Sense steht auf.

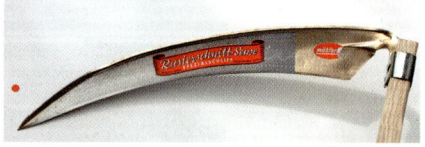

62 Anstellwinkel zu klein – die Sense steht zu.

Höhenstellung der Schneide

Neben dem richtigen Anstellwinkel ist die Höhenstellung der Schneide für das leichte Mähen und einen dauerhaft scharfen Dangl von Bedeutung.

Beim Mähen soll die Sense die Halme nicht mit einem flachen Schnitt, sondern im Schrägschnitt, von unten nach oben, schneiden, weil dieser weniger Kraft benötigt als der flache Schnitt.

Schrägschnitt wird durch Blattwölbung und Hammenwinkel erreicht. In der Regel steht nach der Befestigung des Sensenblattes am Sensenbaum die Schneide bei einer geschmiedeten Sense im richtigen Winkel, um im Schrägschnitt zu schneiden. Der ideale Winkel für den Schrägschnitt liegt bei 65 Grad.

Sie können die Stellung der Schneide am Sensenblatt überprüfen, wenn Sie in Mähstellung das Sensenblatt am Boden auflegen:

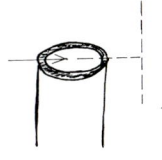

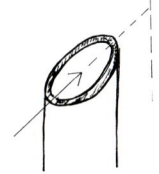

63
Flacher Schnitt (oben) und Schrägschnitt (unten.

- Die Schneide darf nicht den Boden berühren. Sie soll vielmehr in leichter Schrägstellung vom Boden wegführen.
- Ist der Schrägschnitt nicht gegeben, können Sie diesen herstellen, indem Sie den Sensenring lockern und einen passend zugeschnittenen Holzkeil zwischen Hamme und Sensenbaum schieben.

64 (rechts)
Holzkeil zum Einklemmen zwischen Hamme und Sensenbaum.

65 Mähstellung mit Schrägschnitt.

66 Mähstellung bei zu flachem Schnitt.

5 Leichtes Mähen mit der Sense

Das Mähen mit der Sense soll eine angenehme, nicht allzu anstrengende Tätigkeit sein. Leichtes Mähen setzt voraus, dass die zur Verfügung stehenden Körperkräfte möglichst rationell auf die Sense übertragen werden. Dazu muss der Mäher mit Oberkörper und Armen der Sense den richtigen Schwung verleihen und während der ganzen Mähbewegung das Sensenblatt flach über den Boden gleiten lassen.

Häufige Fehler beim Mähen:

67 (links) Hochziehen der Sense zu Beginn des Mähschwunges.

68 (Mitte) Hochziehen der Sense am Ende des Mähschwunges.

69 (rechts) Ziehende Mähbewegung vor dem Körper.

Für die ersten Mähversuche wählen Sie am besten ein Stück Wiese mit aufrecht stehendem, taufeuchtem Gras, da taufeuchte Wiesenpflanzen schnittiger sind und sich leichter mähen lassen. Deshalb ist es gut, wenn Mäher in der warmen Jahreszeit Frühaufsteher sind. Dem Frühaufsteher geht nicht nur das Mähen leichter von der Hand, sondern er wird überdies mit ganz besonderen Naturerlebnissen belohnt.

Häufige Fehler beim Mähen

Dass das Mähen und insbesondere das Führen der Sense bei der Mähbewegung so manches Problem mit sich bringt, ist offensichtlich und bleibt dem Mäher wie dem Betrachter nicht verborgen:

- Vor allem das Hochziehen der Sense zu Beginn und Ende des Mähschwunges ist oft zu beobachten. Dabei wird die Sense gehandhabt, als halte man einen Golfschläger in der Hand. Die Hamme steht dabei am Anfang des Mähhiebes in Hüfthöhe, schwingt vor dem Körper kurz über den Boden, um gegen Ende des Schwunges wieder vom Boden abhebend hoch auszulaufen. Trotz des ausholenden Schwunges wird kaum Gras geschnitten, sondern eher abgeschlagen. Diese Mähbewegung ist nicht zu empfehlen, weil sie viel Kraft kostet, schnell ermüdet und nur wenig Gras geschnitten wird. Zudem entsteht am linken und rechten Rand eine unsaubere Mahd, die nachgemäht werden muss.
- Verlaufen die Schnittflächen des Grases schräg nach oben zum ungeschnittenen Gras hin, dann halten Sie das Sensenblatt am Anfang des Mähschwunges zu hoch. Das führt dazu, dass das Gras am rechten Mahdrand beim nächstfolgenden Mähgang nochmals geschnitten werden muss. Schauen Sie deshalb immer wieder einmal zurück auf das, was Sie gemäht haben, und achten Sie gegebenenfalls darauf, dass die Sense bereits zu Beginn des Mähschwunges auf dem Boden aufliegt.
- Nicht selten wird die Sense, ähnlich wie ein Rechen, mit einer ziehenden Armbewegung leicht schräg vor dem Körper entlanggezogen. Bei dieser unvorteilhaften Mähbewegung werden auf schmaler Mahd mit der Zugkraft der Arme die Halme mehr abgeschlagen als geschnitten.
- Oft fährt die Sense zu Beginn des Mähschwunges zu tief in die stehenden Halme hinein. Es wird zuviel Mahd auf einem Mähschwung vorgenommen. Der Mähschwung wird abgebremst und die Sense kann nur noch mit erhöhtem Kraftaufwand durchgezogen werden oder bleibt sogar mitten im Mähschwung stehen.
- Wenn die Schärfe der Sense nachlässt, neigt man gerne zum hauenden, kräftezehrenden Mähhieb. Das Ausholen mit zu starkem Schwung ist gewöhnlich ein Zeichen für die ungenügende Schärfe der Sense.

Auch wenn anfangs die Sense noch manchen Luftschwung beschreibt oder sich ihre Spitze unverhofft in die Erde bohrt, braucht man nicht gleich zu verzagen, wenn es mit dem anscheinend mühelosen, rhythmischen Mähschwung nicht auf Anhieb klappt. Auch beim Sensen ist noch kein Meister vom Himmel gefallen!

Ideale Körperhaltung beim Mähen

Zum leichten Mähen mit einer schwungvollen Schnittbewegung ist die folgende Körperhaltung am besten geeignet:

- Stellen Sie sich so zur Mahd, dass Sie vom stehenden Aufwuchs wegmähen.
- Nehmen Sie eine leichte, bequeme Spreizstellung der Beine (je nach Körpergröße etwa 50 bis 80 cm) ein.
- Beugen Sie Ihre Knie leicht.
- Neigen Sie den Oberkörper ein wenig nach vorne.
- Um den Mähschwung zu begünstigen, ist es vorteilhaft, den rechten Fuß etwa eine Fußlänge vorzustellen.
- Der rechte Arm sollte seitlich locker herabhängen, während die rechte Hand den Mittelgriff am Sensenbaum umfasst.
- Die linke Hand hat den Griff am Stielende umfasst, der linke Ellenbogen ist gebeugt.
- Das Sensenblatt liegt waagerecht am Boden auf.
- Die Spitze des Sensenblattes steht auf Höhe des rechten Fußes.
- Die Sense wird mit gleichmäßigem Schwung von rechts nach links durch das Gras gezogen.

70 (links)
Ideale, leicht gebeugte Körperhaltung zu Beginn des Mähschwunges.

71 (rechts)
Zu aufrechte Körperhaltung zu Beginn des Mähschwunges.

Die richtige Mähbewegung

Um eine gute Mähleistung bei minimalem Kraftaufwand und geringster Ermüdung zu erzielen, sind beim Mähen einige Grundsätze für die Handhabung der Sense während der Mähbewegung zu beachten. Die Mähbewegung besteht aus zwei Phasen:

- der Schnittbewegung - das Sensenblatt schwingt auf dem Boden gleitend von rechts nach links;
- der Rückholbewegung - das Sensenblatt schwingt auf dem Boden gleitend von links nach rechts in die Ausgangsposition zurück.

Die Mähbewegung ist eine Drehung aus der Hüfte heraus, die von der rechten Seite des Körpers ausgeht und vor dem Körper vorbei zur linken Seite führt. Die Wirkung des Sensenschnittes beruht dabei auf der bogenförmigen Führung des Sensenblattes. Das bedeutet, die Arme werden während der gesamten Mähbewegung nicht bewegt, sondern machen in ruhiger Haltung die Drehung des Oberkörpers mit. Der Oberkörper dreht sich mit gestrecktem rechten Arm nach links herum, während der gebeugte linke Ellenbogen durch die Drehbewegung hinter den Rücken geführt wird.

Um den Schwung der Drehung des Oberkörpers zu unterstützen, ist es vorteilhaft, wenn das rechte Bein leicht geknickt und so das Körpergewicht nach rechts über das Standbein hinaus verlagert wird.

72 (links)
Über rechtes Standbein geknickt – Beginn des Mähschwunges.

73 (Mitte)
Rechtes Standbein gestreckt: Sense vor dem Körper.

74 (rechts)
Rechtes Standbein entlastet – Mähschwung läuft aus.

Tipp:
**Trocken-
übung**
*Diese von den
Beinen unter-
stützte Dreh-
bewegung
lässt sich auch
als „Trocken-
übung" ohne
Sense oder
mit Sense auf
kurzgeschnit-
tener Wiese
einüben.*

Durch Strecken des rechten Beines während der Drehbewegung wird der Körper aufgerichtet und über das linke Standbein verlagert, was der Sense den nötigen Schwung verleiht. Das rechte Bein ist nun völlig entlastet und wird mit Beginn der Rückbewegung der Sense nach vorn bewegt. Das Vorwärtsschreiten beim Mähen geschieht so, dass das rechte Bein sich stets etwa eine Fußlänge vor dem linken befindet und während des Rückschwunges zunächst das rechte und danach das linke Bein einen Schritt vorrückt.

Das Mähen mit der Sense ist geprägt durch die immer wiederkehrende Drehbewegung des Oberkörpers und durch das Beugen und Strecken des rechten Standbeines. Auf diese Weise arbeitet der Mäher mit kleinen Schritten vorwärts gehend und bewegt dabei die Sense von rechts nach links.

So wird gemäht!

Jetzt kann gesenst werden! Die Kunst des Mähens besteht darin, der Sense den richtigen Schwung zu verleihen und während der gesamten Mähbewegung das Sensenblatt bogenförmig auf dem Boden gleiten zu lassen.

In der Höhe des rechten Fußes dringt die Sensenspitze etwa handbreit in das Gras ein und schwingt dann mit zunehmender Geschwindigkeit nach links. Der Schwung endet auf der Höhe der Ferse des linken Fußes. Bart und Sensenspitze gleiten während der gesamten Drehbewegung in gleichbleibendem Abstand vom Körper waagerecht über den Boden. Der Schwung der Sense muss von Anfang bis Ende durchgehalten werden, da die Spitze sonst in die Höhe geht und das Mähgut nicht dicht genug über der Erde abgemäht wird.

Beim Rückschwingen der Sense soll das Sensenblatt ebenfalls auf dem Boden entlang gleiten, um zu verhindern, dass beim nächsten Mähschwung zu hoch gemäht wird.

Mit etwas Übung lernt man bald, was das ist, das perfekte Sensen: Es vollzieht sich in eleganten, rhythmischen Bewegungen. Arme, Beine und Wirbelsäule werden nicht belastet. Die Sense läuft locker durch das Gras, wobei Sensenspitze und Schneide leicht nach oben schauen. Gleichmäßig hohe Stoppeln bleiben zurück, während das geschnittene Gras mit jedem Mähschwung in Reihen auf einen Schwad (Haufen) gelegt wird.

Und doch ist nicht jeder Mähstreich wie der nächste. Mal müssen Bodenwellen ausgeglichen werden, ein anderes Mal haben Wind und Regen eines Sommergewitters die Wiese derart „verhauen", dass die Pflanzen kreuz und quer niederliegen, oder eine Ameisenburg bremst den Schwung der Sense, während es ein paar Mähschwünge weiter gilt, einem großen Stein oder einem Baumstumpf auszuweichen.

Vorholen

Unter *Vorholen* versteht man, mit welchem Vorschub die Sense am Mähgut entlang fährt, oder anders gesagt, wie tief die Sense beim Mähschwung in das stehende Gras eindringt. Der Vorschub ist abhängig:

- vom Können des Mähers / der Mäherin;
- von der Schnittigkeit des Mähgutes.

Zum leichten Mähen empfiehlt sich ein etwa handbreiter Vorschub von knapp 10 cm. Geübte Mäher schaffen mit einer scharfen Sense und schnittigem Mähgut einen Vorschub bis zu 40 cm ohne Bremswirkung. Ist der Vorschub zu groß, fährt die Sense also zu tief in das Gras, wird der Mähschwung abgebremst und kann nur noch mit erhöhtem Kraftaufwand zu Ende geführt werden.

75 (links)
Vorholen – zu Beginn des Mähschwunges fährt die Sense etwa handbreit in das Mähgut.

76 (Mitte)
Vorholen – idealer, handbreiter Vorschub.

77 (rechts)
Vorholen – zu großer Vorschub.

Schnitthöhe

Die Schnitthöhe sollte so hoch liegen, dass die gemähte Wiese noch grün aussieht. Dazu darf die Schneide nicht den Boden berühren, sondern führt in leichter Schrägstellung vom Boden weg (siehe dazu: Höheneinstellung der Schneide, Seite 31).

Stimmt die Höheneinstellung der Schneide, wird nur zu tief gemäht, wenn man in zu gebückter Körperhaltung die Sense führt, so dass die Schneide die Halme nicht im Schrägschnitt, sondern im Horizontalschnitt schneidet. Beim flachen Horizontalschnitt verbraucht sich der Dangl schneller, so dass die Sense häufiger gewetzt und gedengelt werden muss.

Mäht man zu tief, so dass vorwiegend braune Stoppeln stehen bleiben, müssen die Pflanzen aus den Wurzeln austreiben. Die Wiese braucht wesentlich länger zum zweiten Aufwuchs und die Artenzusammensetzung verändert sich zu mehr austriebsfähigen Gräsern.

Mahdbreite

78 (links)
Ideale Schritt-
stellung.

79 (rechts)
Zu breite Schritt-
stellung.

Die Mahdbreite, also die Schnittbreite des Mähschwunges lässt sich beeinflussen durch die:

- Länge des Sensenblattes;
- Breite der Schrittstellung und die
- Länge des Mähschwunges.

Zum leichten Mähen empfiehlt sich unabhängig von der Blattlänge und je nach Körpergröße eine Schrittbreite von 50 bis 80 cm. Eine breitere Schrittstellung bedingt eine tief gebückte Körperhaltung, die ergonomisch gesehen nicht so günstig und mit höheren Kraftaufwand verbunden ist.

80 (links)
Mähen an steiler Hanglage.

81 (rechts)
Mähen an einem Hang mit mäßigem Gefälle.

Mähen am Hang

Beim Mähen am Hang, vor allem am Steilhang, gilt es einige Besonderheiten zu beachten. Im Gegensatz zum Mähen auf ebenem Gelände, steht der Mäher nicht in der Mitte der Mahd, sondern auf der Schwadseite (d.h. dort, wo das Schnittgut hinfällt). Es wird nicht im Halbkreis gemäht, sondern vielmehr wird die Sense in der Falllinie von oben nach unten gezogen, während sich der Mäher in der Hanglinie von oben nach unten bewegt. Eine breite Beinstellung ist meist ausgeschlossen.

Hänge mit mäßiger Steigung lassen sich am besten mähen, wenn man sich entlang der Hanglinie schräg abwärts bewegt, dabei wird die Sense wie beim Mähen im Flachland geführt.

Mähen an Böschungen

Höhere Böschungen werden wie Steilhänge in der Fallrichtung gemäht. Niedere Böschungen, Gräben und Uferrandstreifen werden von der Böschungskante aus gemäht.

Ebene Böschungen ohne allzu dichten Baumbestand lassen sich gut mit langen Sensen ausmähen.

82 (links)
Mähen eines Grabens von der Böschung aus.

83 (rechts)
Ausmähen eines Baumes.

Bäume und Mauerkanten ausmähen

Auch beim Mähen um Bäume herum, entlang von Mauerkanten oder anderen Hindernissen wird die Sense nicht im weit ausholenden, bogenförmigen Mähschwung, sondern mit kurzen, stakkatoartigen Zügen an den Hindernissen entlang geführt.

6 Die Wiese und ihr Schnitt

Bei einer Wiese handelt es sich um Grünland, das durch Mähen genutzt und erhalten wird. Das, was wir im allgemeinen Wiese nennen, ist in Wirklichkeit eine Mischung aus verschiedenen Gräsern und vielen blühenden, krautigen Pflanzen, den sogenannten Wiesenblumen, die alle dicht beieinander wachsen. Welche Gräser und Blumen auf einer Wiese wachsen, hängt davon ab, ob sie im Bergland liegt oder im Flachland, ob sie eine sonnige oder schattige Lage hat, ob der Boden feucht oder trocken, ob die Erde locker und fruchtbar oder mager und steinig ist. So gleicht keine Wiese der anderen. Jede hat ihr eigenes Aussehen und jede mäht sich anders.

Die Pflanzengemeinschaft von Gräsern, Kleesorten und anderen Wiesenpflanzen kann maßgeblich durch das Mähen beeinflusst werden. Denn der wichtigste Faktor bei der Pflege und Erhaltung einer Wiese ist der Schnitt. Durch die Anzahl der Schnitte pro Jahr werden beispielsweise gewisse Pflanzen von ihrer lichtschluckenden Konkurrenz befreit, also begünstigt.

Wiesenpflanzen müssen so lebenskräftig sein, dass sie die Verstümmelungen durch Sense oder andere Mähgeräte ertragen. Deshalb fin-

84
Wildblumenwiese.

85
Gemähte Wiese
mit Heuhaufen.

den sich auf Wiesen vor allem ausdauernde Pflanzen, deren unterirdischen Sprosse genügend Reservestoffe enthalten, um rasch wieder grüne Teile emportreiben zu können. Des weiteren muss die Vermehrung der Wiesenpflanzen den besonderen Lebensbedingungen auf der Wiese angepasst sein. Manche Wiesenpflanzen bringen ihre Samen vor der ersten Mahd zur Reife, wie Löwenzahn und Wiesenkerbel. Andere folgen zwischen den Mähzeiten, z.B. der Bärenklau oder im Spätsommer die Wilde Möhre.

Auf Wiesen, die häufig, beispielsweise alle 2 Wochen, gemäht werden, können nur solche Pflanzen gedeihen, die nach dem Schnitt immer wieder nachwachsen. Nicht alle Wiesenpflanzen vertragen das Mähen gleich gut. Gras, Gänseblümchen, Löwenzahn und Weißklee beispielsweise schadet der Schnitt am wenigsten. Sie wachsen auf fast jeder Wiese, auch wenn häufig gemäht wird. Viele langsamwüchsige Wiesenpflanzen kommen aber nicht mehr zur Blüte und Samenbildung und verschwinden von der Wiese. Man findet sie nur noch auf Heuwiesen, die zweimal im Jahr gemäht werden.

Boden, Wetter, die Konkurrenz der Pflanzen untereinander um den Raum, sowie die Häufigkeit der Schnitte sind äußere Gründe, die das Gesicht der Pflanzengesellschaft einer Wiese prägen.

Warum werden Wiesen gemäht?

Wiesen werden in der Landwirtschaft vor allem für die Erzeugung von Viehfutter gemäht. Darüber hinaus werden Wiesen gemäht:

- um die Artenvielfalt der Wiese zu erhalten und zu verbessern;
- um die Verbuschung zu verhindern;
- um die Wiese für Sport, Spiel und Freizeit zu nutzen.

Eine alte Bauernregel besagt, dass die Wildblumenwiesen in der Blüte gemäht werden soll, um die Artenvielfalt zu erhalten. Die Wiesenblumen und Gräser erholen sich nach dem Schnitt sehr schnell wieder. Sie bestocken sich und blühen einen Monat später erneut, um den Fortbestand der Art zu sichern. Die so genannte Nachblüte ist zwar meist schwächer, doch reicht sie zur Samenbildung der Stauden aus. Im Gegensatz dazu kommen ungeschnittene Wiesen oder erst spät im Jahr geschnittene Wiesen nur einmal in der Saison zur Blüte. Durch die Mahd werden überdies Pflanzen begünstigt, die mit dem mehrmaligen Schnitt gut zurecht kommen, wie die meisten Gräser und die mehrjährigen Stauden.

Durch die Mahd kommt Licht auf den Boden, so dass der bei der Mahd auf die Erde gefallene Samen keimen kann. Das ist wichtig, da die meisten Wiesenblumen sogenannte Lichtkeimer sind. Sie benötigen keine Bodenabdeckung zur Keimung, sondern sind auf Licht angewiesen.

Gemähtes Gras soll man nicht einfach auf der Wiese liegen lassen. Es wird gleichmäßig dünn ausgebreitet, damit es gut trocknen und der Samen ausfallen kann. Man lässt das geschnittene Gras, je nach Witterung, etwa 1 bis 2 Tage liegen und wendet dann das angedörrte Heu. Wenn es getrocknet ist, wird es mit dem Rechen zusammengetragen und von der Wiese genommen. Mit der Mahd und dem Abtransport des Schnittgrüns werden dem Wiesenstandort Nährstoffe entzogen. Eine Abmagerung des Bodens fördert Wildblumen. Je magerer der Boden, desto blütenreicher wird die Wiese.

86
Taufeuchtes Gras.

Mahdhäufigkeit

Eine Wildblumenwiese sollte mindestens zweimal, aber nicht mehr als dreimal im Jahr gemäht werden. Mähen Sie eine Wildblumenwiese auf keinen Fall zu früh! Bedenken Sie, dass die Wiesenblumen nicht nur blühen, sondern auch aussamen müssen, wenn die bunte Blütenpracht Sie auch im nächsten Sommer noch erfreuen oder sich noch weiter ausbreiten soll. Je nach klimatischen Bedingungen haben die Wiesenpflanzen ihre erste Blüte Mitte Juni bis Anfang Juli und die zweite Blüte im September hinter sich und warten auf den Schnitt. Ein dritter Schnitt ist dann noch im Oktober möglich.

Mit Rücksichtnahme auf die Tierwelt sollte eine Wildblumenwiese nicht wie ein Kahlschlag auf ein Mal gemäht werden, sondern verteilt in mehreren zeitlichen Abschnitten. Günstig für die Kinderstube von Insekten ist, wenn man beim Mähen Staudensäume am Rand stehen lässt, die erst im Spätherbst gemäht werden.

87
Blühende Löwenzahnwiese.

Beste Mähzeiten für die Sense

Die Mahd mit der Sense ist in vielerlei Hinsicht die schonendste und auch die preiswerteste Möglichkeit, eine Wiese zu mähen. Die beste Zeit zu mähen ist früh morgens, wenn das Gras taunass ist. Zu dieser Zeit steht das Gras sehr gut und ist noch nicht lappig. Auch bei leichtem Nieselregen ist ein guter Schnitt möglich, während ein starker Regen das Gras oft zum Liegen bringt und dadurch das Mähen erschwert.

Besonders gut lassen sich Fettwiesen, Löwenzahnteppiche und Kleewiesen mähen. Trockenes Gras lässt sich nur mühsam mähen. Es ist lappig, gibt einen unsauberen Schnitt und macht die Sense stumpf. Selbst Gras ist nicht einfach Gras. Es gibt viele Arten von Gräsern, jede Art hat viele verschiedene Sorten, und nicht jede Sorte mäht sich wie die andere. Gras, Klee und die anderen Pflanzen werden Sie beim Mähen lehren, was wie und wann am besten gemäht wird.

88
Wildblumen-
wiese.

7   Schärfen mit dem Wetzstein

Das Wetzen ist von großer Bedeutung für das leichte Mähen. Gewetzt wird, um beim Mähen einen leichten Schnitt zu erzielen. Das Wetzen selbst ist ein Schleifvorgang. Gewetzt wird:

- beim Mähen. Da die Schneide mit der Zeit an Schärfe verliert und die Sense nicht mehr leicht durch den zu mähenden Aufwuchs läuft, sondern nur mit einem spürbar höheren Kraftaufwand, ist es unerlässlich, die Sense während des Mähens immer wieder mit dem Wetzstein nachzuschärfen, um ihr die verlorene Schärfe zurück zu geben;
- nach dem Dengeln. Das Bestreichen mit dem Wetzstein gibt einem dünnen Dangl den letzten Schliff, d.h. messergleiche Schärfe und volle Schnittfähigkeit.

Wie oft beim Mähen gewetzt werden muss, ist abhängig von:

- der Güte des Dangls,
- der Schnitthaltigkeit des Dangls,
- dem Mähgut: Gras, Klee, Feucht- oder Trockenwiese,
- dem Aufwuchs: dicht oder locker,
- dem Zustand des Aufwuchses: feucht oder trocken,
- der Güte und dem Zustand des Wetzsteines.

89   Drei verschiedene Naturwetzsteine.

Kunst- und Natursteine

Gewetzt wird mit einem Wetzstein. Dies kann ein aus verschiedenen Schleifmitteln und Harzen hergestellter Kunststein oder ein aus Stein gebrochener Naturwetzstein sein.

Kunst- und Naturstein unterscheiden sich in der Körnung. Kunststeine sind grobkörniger als Natursteine. Kunststeine und Natursteine unterscheiden sich aber auch untereinander. Es gibt feine, mittelfeine und grobe Kunstwetzsteine, sowie Wetzsteine, die eine feine und eine grobe Wetzseite haben. Kunstwetzsteine werden als Carborundum-, Korund- und Siliciumcarbidsteine angeboten.

Bei den Natursteinen wird zwischen weichen und harten Steinen unterschieden. Während beispielsweise weiche Sand- oder Schiefersteine noch eine feinkörnige Schleifwirkung zeigen, richtet der harte Schiefer- oder Granitstein beim Bestreichen der Schneide lediglich den dünnen Dangl aus.

90   Drei verschiedene Kunstwetzsteine.

Welcher Wetzstein für welche Sense?

Welcher Wetzstein zum Schärfen der Sense verwendet wird, richtet sich nach der zu wetzenden Sense, dem zu mähenden Aufwuchs und nach der Qualität des Dangls.

Harte Natursteine

haben so gut wie keine Schleifwirkung. Sie richten beim Wetzen den Dangl aus, der sich beim Mähen durch die Berührung mit Steinchen oder härteren Stängeln verformt hat.

Verwendung: Sense mit sehr dünnem Dangl zum Mähen von Feucht- und Fettwiesen.

Weiche Natursteine

haben eine feine Schleifwirkung mit ganz geringem Abrieb.

Verwendung: Sense mit sehr dünnem Dangl zum Mähen von Bergwiesen, Trocken- und Halbtrockenrasen.

Feine Kunststeine

haben eine feine Schleifwirkung mit geringem Abrieb.

Verwendung: Sense mit dünnem Dangl zum Mähen von Wiesen der Hoch- und Tieflagen.

Mittelfeine Kunststeine

haben eine starke Schleifwirkung mit großem Abrieb.

Verwendung: Stauden-, Busch- und Heidesense mit gutem, keilförmigem Dangl, sowie Grassense ohne ausreichenden Dangl.

47

Grobe Kunststeine

haben eine sehr starke Schleifwirkung mit sehr großem Abrieb.
Verwendung: Stauden-, Busch- und Heidesense mit dickerem Dangl, sowie Forstkultursense mit keilförmigem Dangl.

Zum Wetzen eines dünnen Grasdangl sollte man einen Naturstein verwenden. Für Sensen, die feine, zarte Wiesengräser mähen, empfiehlt sich ein harter Stein, während für Sensen, die härtere Gräser und Kräuter der Höhenlagen schneiden, ein weicher Naturstein am besten geeignet ist.

Bei einer Grassense ohne guten Dangl kann dieser verbessert werden, wenn man die Schneide zuerst mit einem feinen Kunststein und zum Schluss mit einem weichen Naturstein wetzt. Der grobkörnige Kunststein dagegen ist für einen dünnen Dangl schädlich, weil zu viel Material abgewetzt wird. Diese Wirkung ist erwünscht bei ungenügend scharfen Sensen oder bei Sensen, bei denen ein allzu feiner Dangl nicht benötigt wird, wie bei der Busch- oder Forstkultursense.

Nass oder trocken wetzen?

Vor dem Wetzen wird der Wetzstein mit Wasser angefeuchtet. Dies gilt besonders für Natursteine, da diese nicht wetzen, wenn sie trocken verwendet werden. Sie verschmutzen zudem leicht.

Mit Kunststeinen kann man auch trocken wetzen. Es ist jedoch besser, auch den Kunststein zum Wetzen zu befeuchten, da sich Dangl und Wetzstein beim Nasswetzen weniger schnell verbrauchen als beim Trockenwetzen.

Wetzsteinbecher

Der Wetzstein wird in einem mit Wasser gefüllten Wetzsteinbecher mitgeführt, die im Handel aus Horn, Kunststoff und Metall erhältlich sind.

Der Wetzsteinbecher wird am Hosenbund oder am Gürtel getragen. Wird er am Rücken getragen, kann es beim Mähen passieren, dass beim Bücken Wasser auf den Rücken läuft. Deshalb sollten Anfänger den Wetzsteinbecher mit der Spitze hinter sich in den Boden stecken oder den Wetzstein in einem kleinen, wassergefüllten Metalleimer mitführen.

Mancherorts wird dem Wasser etwas Essig zugegeben. Der Essig dient dazu, bei kalkhaltigem Wasser den Kalk auszufällen, da sich dieser sonst an der Schneide festsetzt.

91 (links)
Futterfässle mit
Wetzstein am
Hosenbund.

92 (Mitte)
Kumpf mit Wetz-
stein in die Erde
gesteckt.

93 (rechts)
Wassereimer mit
Wetzsteinen.

Wie wird die Sense gewetzt?

Zum Wetzen stellen Sie die Sense umgekehrt auf den Sensenstiel, so dass das hochgestellte Sensenblatt vor Ihnen steht und die Sensenspitze nach links gerichtet ist. Mit der linken Hand halten Sie das Sensenblatt am Rücken fest. Für einen sicheren Stand kann man auch noch den rechten Fuß auf den am Boden aufliegenden Griff aufstellen.

Beim Wetzen sollte das Sensenblatt sauber sein, da sich sonst der verschmutzte Dangl nicht auf der ganzen Länge gleichmäßig wetzen lässt und zudem den Wetzstein verschmutzen würde. Deshalb wird vorher das Sensenblatt mit einer Handvoll Gras oder einem feuchten Lappen abgerieben. Halten und führen Sie den Wetzstein so:

- Während die linke Hand das Sensenblatt festhält, nehmen Sie den Wetzstein am unteren Ende in die rechte Hand.
- Gewetzt wird mit der Schmalseite des Steins, vom Bart zur Spitze und immer im gleichmäßigen Wechsel von beiden Seiten der Schneide.
- Legen Sie den Wetzstein mit der schmalen Seite so an der hohlför-

94 (rechts): Wetzen der Sense.

95 (links oben):
Wetzstein am Bart schräg ansetzen.

96 (Mitte):
Abwechselnd Innenseite wetzen ...

97 (unten): ...und Außenseite wetzen.

migen Innenseite des Sensenblattes am Bart an, dass der Wetzstein etwa in einem Winkel von 45° zur Sensenspitze geneigt ist. Diese Haltung begünstigt kurze, bogenförmigen Wetzzüge.

- Nun bestreichen Sie die Schneide mit dem Wetzstein in kurzen, bogenförmigen Zügen, indem Sie den Wetzstein im gleichmäßigen Wechsel an der inneren und äußeren Seite der Schneide entlang gleiten lassen.
- Achten Sie dabei darauf, dass Sie den Wetzstein immer so halten, dass er parallel zur Schneide und mit leichtem Druck gegen die Schneide geführt wird;

- Auf diese Weise wandert der Wetzstein vom Bart zur Spitze und bestreicht die Schneide auf der ganzen Länge.

Aller Anfang ist schwer und auch das Wetzen bedarf einiger Übung, bis es sicher, locker und leicht von der Hand geht. Lassen Sie sich nicht von geübten Mähern irritieren, die den Wetzstein in so rasantem Schwung über die Schneide tanzen lassen, dass man kaum ein Detail dieses Schärfevorgangs erkennt. Beim Wetzstein kommt es nicht auf flinke Fingerfertigkeit an, sondern darauf, dass Sie den Wetzstein mit leichtem Druck parallel an der Schneide entlang führen. Fangen Sie behutsam an. Üben Sie in aller Ruhe, und mit der Zeit werden auch Sie beim Wetzen Ihren eigenen Rhythmus finden.

> **Tipp: Schnittverletzungen**
> *Achten Sie beim Wetzen darauf, dass Sie mit den Fingern, insbesondere der rechten Hand, die den Wetzstein führt, nicht von unten gegen die Schneide stoßen, da dies zu tiefen, stark blutenden Schnittverletzungen führen kann. Aus diesem Grund sollten Mäher für den Fall der Fälle immer Wunddesinfektionsspray sowie Heft- und Klammerpflaster im Haus haben.*

Häufige Fehler beim Wetzen

Beim Wetzen werden häufig Fehler gemacht, welche die Schneide derart beschädigen, dass sie stumpf wird und nicht mehr schneidet.

Deshalb sollte darauf geachtet werden:

- dass der Wetzstein parallel zur Schneide entlang streicht und nicht schräg. Wird der Wetzstein schräg angesetzt, wird der Dangl weggewetzt und die Schneide ist stumpf;
- dass vom Bart zur Spitze gewetzt wird und nicht umgekehrt. Denn wetzt man von der Spitze zum Bart, wird die mikroskopisch feine Zähnung der Schneide gegen die Schnittrichtung ausgerichtet. Das hat zur Folge, dass der feine Dangl nicht so schnittig ist;
- dass mit der abgerundeten Schmalseite des Wetzsteins gewetzt wird und nicht mit der flachen Breitseite. Wird mit der Breitseite gewetzt, ist der Anstellwinkel des Wetzsteins zur Schneide so ungünstig, dass der Wetzstein nicht mehr parallel die Schneide entlang streicht.

Pflege der Wetzsteine

Für eine lange Haltbarkeit der Wetzsteine ist von Vorteil, wenn sie nach dem Wetzen mit Wasser gereinigt und mit einem Lappen getrocknet werden. Sonst können sich feine Metall- und Schmutzpartikel in den Poren festsetzen und mit der Zeit den Wetzstein unbrauchbar machen.

Vor allem bei verschmutzten Natursteinen empfiehlt sich, diese einige Stunden in Essigwasser zu wässern und danach mit einer feinen Wurzelbürste abzubürsten und in klarem Wasser zu spülen.

8 Dengeln

Dengeln ist das Schärfverfahren für Sensen und Sicheln. Das Dengeln lehnt sich der Technik nach an das Schmieden an und bedient sich auch der Schmiedewerkzeuge Hammer und Amboss.

Der Zweck des Dengelns besteht darin, die dünne, scharfe Schneide von Sense und Sichel auf Dauer zu erhalten, zu verbessern oder neu herzustellen. Beim Dengeln wird das Metall der Sense entlang der Schneide auf einem speziellen Dengelamboss mit einem Dengelhammer durch Hämmern zu einer dünnen, scharfen Schneide ausgetrieben. Das kalte Hämmern des gehärteten Stahls zieht das Metall mit jedem Schlag ein klein wenig aus und verjüngt es zur Schneide hin. Gleichzeitig bewirkt das kalte Hämmern, dass die Molekülstruktur des Stahl verdichtet wird, oder anders gesagt, die Schneide wird beim Dengeln regelrecht gehärtet und dadurch eine längere Standzeit der Schärfe erzielt.

100 (links): Dengler beim Dengeln.

101 (unten rechts)
Dengelwerkzeug: Dengelhammer und –amboss.

Was so entsteht, nennt man Dangl. Beim Dengeln kommt es darauf an, dass die Schneide auf der ganzen Länge einen gleichmäßigen Dangl bekommt. Ein guter Dangl muss die nötige Dünne und Schärfe aufweisen. Er muss widerstandsfähig gegen zu schnelle Abnutzung sein und die Voraussetzungen für leichtes Schärfen mit dem Wetzstein bilden. Die Qualität des Dangls ist für den Kraftaufwand und die Leistung beim Mähen entscheidend.

Das Dengeln ist nicht so schwer wie allgemein angenommen wird. Etwas handwerkliches Geschick vorausgesetzt, lässt es sich unter Beachtung einiger Grundregeln leicht erlernen. Der Zeitaufwand, um ein Sensenblatt zu dengeln, beträgt je nach Güte und Härte des Metalls, Abnutzung der Schneide, Länge des Sensenblattes, sowie der Geschicklichkeit und Erfahrung des Denglers, etwa 10 bis 60 Minuten.

Werden alle Sensen gedengelt?

Gedengelt werden alle Gras- und Weinbergsensenblätter, sowie je nach Materialgüte auch die etwas dickeren Stauden-, Strauch-, Graben-, Busch-, Heide- und Hopfensensenblätter, um die beim Mähen entstandene Abnutzung der Schneide auszugleichen.

Grassensen werden zwar mit der Bezeichnung „mähfertig" im Handel angeboten, in den meisten Fällen empfiehlt es sich jedoch, auch solche Sensenblätter vor dem ersten Schnitt zu dengeln, da sie meist noch nicht die rasierklingenartige Schärfe eines gut gedengelten Sensenblattes aufweisen, welche Voraussetzung für leichtes Mähen ist.

Überhaupt nicht gedengelt werden Forstkultur- und Freistellungssensen. Zum Nachschärfen während der Mäharbeit verwendet man bei diesen einen mittelfeinen bis groben Kunstwetzstein. Scharten in der Schneide werden mit einer Feile beseitigt. Ist die Sense stumpf geworden, wird sie mit der Metallfeile geschärft, oder man schleift sie auf einem gewöhnlichen Sandschleifstein wie ein Beil oder eine Axt und zieht sie zum Schluss mit dem Wetzstein ab.

Dengelwerkzeug

Zum Dengeln werden seit jeher benutzt:

- Dengelhammer und
- Dengelamboss.

Dengelhammer und Dengelamboss sind im Handel in verschiedenen Ausführungen erhältlich. Je nach Region werden bestimmte Dengelwerkzeuge bevorzugt eingesetzt. Während man mancherorts die Sense mit einem Dengelamboss mit schmaler, gerundeter Bahn und einem Dengelhammer mit quadratförmiger Dengelfläche klopft, wird andernorts für die gleiche Arbeit ein quadratförmiger, leicht gewölbter Dengelamboss und ein Dengelhammer mit schmaler, keilförmiger Schlagfläche benutzt.

Bei allen Modellen sind sowohl die beiden Schlagflächen des Hammers wie die des Amboss bombiert, das heißt, nach allen Seiten hin leicht abgerundet. Das Dengeln mit zwei so beschaffenen Werkzeugen bewirkt, dass bei jedem Schlag nur ein kleiner Punkt der Schneide getroffen wird. Ein eventueller Fehlschlag kann so der Schneide keinen großen Schaden zufügen.

Um beim Dengeln einen guten Dangl herzustellen, ist es wichtig, dass die Schlagflächen an Hammer und Amboss sorgfältig geschliffen und poliert sind. Aus diesem Grund darf das Dengelwerkzeug nicht für andere Arbeiten verwendet werden. Eine noch so kleine Kerbe in der Schlagfläche von Amboss oder Hammer würde sich beim Dengeln in die Schneide drücken.

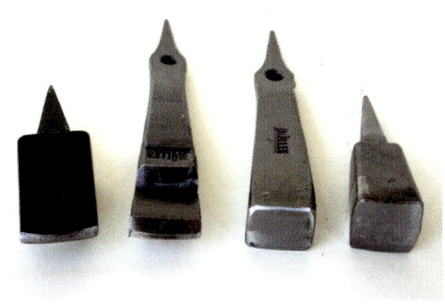

102 Drei verschiedene Dengelhämmer.   103 Vier verschiedene Dengeleisen.

Dengelstock

Der Dengelamboss muss, abgesehen von speziellen Felddengeleisen, die unmittelbar in der Erde verankert werden, fest in einer Unterlage sitzen, damit der Schlag mit dem Hammer zieht und der Dengler bei der Arbeit bequem sitzt. Diese Unterlage wird Dengelstock oder Dengelbock genannt. Dabei handelt es sich um Steinblöcke, Stammabschnitte, Baumscheiben oder selbstgebaute Dengelhocker.

Als Dengelstock eignen sich:

* *Steinblöcke:* Ideal sind Steine, die etwa 40 bis 50 cm hoch, 30 cm breit und etwa 60 cm lang sind. Um den Dengelamboss im Stein zu befestigen, muss zuerst ein zylindrisches, etwa 6 cm tiefes Loch mit einem Durchmesser von ca. 4 cm an einem Ende in den Stein gemeißelt werden. Darin wird der Amboss mit Holz verkeilt. Zum Verkeilen werden Astabschnitte aus Weidenholz verwendet, die auf die Länge der Lochtiefe geschnitten sind. Solch ein Holzstück wird passgenau in das Loch geschlagen. Dann setzt man die Dornspitze des Dengelamboss mittig auf das Holz und verkeilt mit leichten Hammerschlägen den Amboss im Stein, so dass der Amboss fest sitzt und sich beim Dengeln nicht bewegt oder federt.

104 (links)
Dengler auf einem Steinblock.

105 (rechts)
Denglerin auf einem Baumstamm.

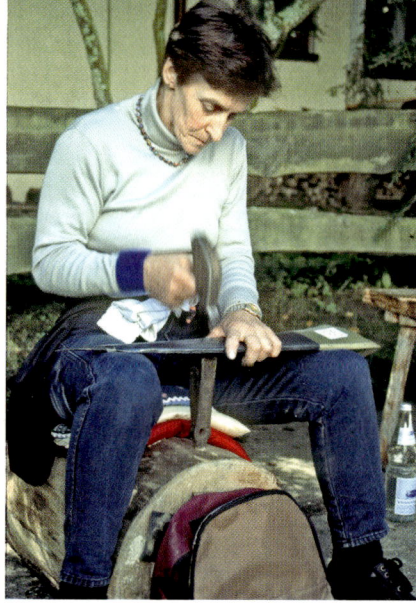

- *Baumstämme:* Als Unterlage können 40 bis 50 cm starke Stammabschnitte in einer Länge von 60 bis 80 cm oder größere Baumscheiben verwendet werden, die dem Dengler gleichzeitig als Sitzgelegenheit dienen. Bohren Sie mit einem 10 mm Holzbohrer ein Loch in die Baumscheibe oder den Stammabschnitt. In das Bohrloch setzen Sie den Dorn des Ambosses und treiben ihn mit einigen kräftigen Schlägen mit einem Holzhammer in den Dengelstock.

106 (links)
Dengler mit
Dengelstock auf
einem Baumab-
schnitt.

107 (rechts)
Dengeln auf dem
Dengelhocker.

- *Dengelhocker:* Als Unterlage für den Dengelamboss dient dabei ein Stammabschnitt oder Hartholzkern, an denen eine Sitzfläche mit stuhlartigen Beinen befestigt ist.

Von einem Dengelstock wird verlangt, dass der Amboss beim Dengeln fest sitzt und nicht federt, da sonst der Hammerschlag nicht zieht.

Arbeitsweisen beim Dengeln

Beim Dengeln werden zwei Arbeitsweisen unterschieden

- Amboss mit schmaler Bahn: dazu wird immer ein Hammer mit flacher, quadratischer Bahn benutzt, dessen andere Seite eine schmale Bahn aufweist. Gelegentlich wird auch eine Art Fäustel gebraucht, der zwei flache Bahnen hat.
- Amboss mit quadratischer, flach gewölbter Bahn: dazu wird fast immer ein Hammer mit zwei schmalen Bahnen (Finnen) benutzt. Natürlich kann man auch mit der Finne am Hammer mit flacher Bahn arbeiten.

Worauf es beim Dengeln ankommt

Dengeln ist eine millimetergenaue Gefühlsarbeit, die einiger Übung bedarf. Auch beim Dengeln gilt: Übung macht den Meister! Ein guter Dengler zeichnet sich durch Geduld, Gewissenhaftigkeit, eine ruhige Hand und ein gutes Auge aus.

Der Dengler muss

- seinen eigenen Schlagrhythmus mit dem Dengelhammer finden. Dabei ist zu beachten, dass der Hammer ruhig geführt wird, so dass jeder Schlag punktgenau mittig auf den Amboss trifft;
- die Koordination von Schieben und Klopfen ausbilden. Das heißt, während die rechte Hand den Dengelschlag mit dem Hammer ausführt, muss die linke Hand das Sensenblatt ruhig und ohne zu wackeln über den Amboss schieben, so dass der nächste Hammerschlag bündig neben dem vorhergegangenen Schlag auf die Schneide trifft;
- ein Gefühl für das Metall der Sense entwickeln. Denn entsprechend der Härte des Metalls variiert die Schlagstärke. Das heißt, der Dengler muss merken, wie sich das Metall unter dem Dengelhammer verhält. Er muss merken, ob es sich um ein weiches Metall handelt, das sich leicht

Werkzeuge für zwei verschiedene Arbeitsweisen:

108 (oben)
Schmaler Amboss mit breitem Hammer.

109 (unten)
Breiter Amboss mit schmalem Hammer.

58

dehnt, ob es ein hartes Metall ist, das einen kräftigeren Schlag benötigt, oder ob er ein sprödes Metall unter dem Hammer hat, das leicht reißt, um nur einige Beispiele zu nennen.

Für die ersten Dengelübungen wird am besten ein altes, geschmiedetes Sensenblatt aus Opas Zeiten verwendet, das nicht mehr gebraucht wird. Solche Sensen sind meist aus einem weicheren Stahl geschmiedet und eignen sich von daher sehr gut für erste Übungen. Alte Sensenblätter findet man oftmals preiswert auf Flohmärkten.

Man kann die ersten Dengelübungen auch mit Kupferblech beginnen. Dazu schneidet man Streifen von etwa 30 cm Länge und 5 cm Breite. Diese Streifen führt man genau so über den Dengelamboss wie ein Sensenblatt. Kupfer hat den Vorteil, dass nichts kaputt geht und dass man, anders als bei der Sense, auch sehr gut sieht, wo der Dengelhammer auf dem Metall niedergegangen ist und ob man punktgenau Dengelschlag neben Dengelschlag setzen kann.

Anfänger sollten die ersten Versuche im Dengeln nicht auf einer neuen geschmiedeten Sense beginnen, da die Gefahr zu groß ist, dass die Sense Schaden nimmt und unbrauchbar wird. Nicht zu empfehlen ist das Üben auf einer sogenannten Billigsense. Diese sind oft an der Schneide zu dick und zu hart im Metall. Beginnt man auf einer solchen Sense mit den Dengelübungen, beißt man sich sprichwörtlich die Zähne aus.

Ziehender Dengelschlag

Es werden zwei Schlagtechniken unterschieden: der ziehende und der klopfende Dengelschlag. Der ziehende Schlag ist der eigentliche Dengelschlag zum Schärfen der Schneide. Dabei wird der Hammer bei der Schlagbewegung zum Körper hin gezogen. Der ziehende Dengelschlag bewirkt, dass die Schneide dünn ausgezogen, das heißt gedehnt, und das Metall gleichzeitig verdichtet wird.

Klopfender Dengelschlag

Beim klopfenden Dengelschlag wird der Dengelhammer nicht zum Körper hin gezogen, sondern trifft von oben senkrecht auf die Schneide. Beim klopfenden Dengelschlag wird das Metall der Schneide kaum gestreckt. Diese Schlagtechnik bewirkt, dass das Metall der Schneide

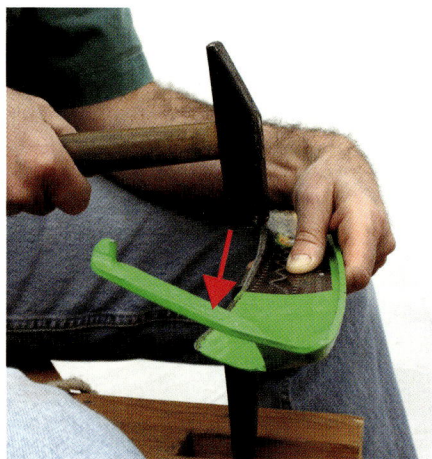

110 (links)
Ziehender Dengelschlag.

111 (rechts)
Klopfender Dengelschlag.

lediglich verdichtet, d.h. kalt gehärtet wird. Oft empfiehlt es sich, in einem letzten Gang mit der klopfenden Schlagtechnik über den Dangl zu gehen, um die Standzeit der Schneide, also deren Schnitthaltigkeit zu optimieren.

Der Dangl

Der Dangl ist der äußerste Teil der Schneide. Bei einer gut gedengelten Grassense gibt der Dangl beim Bestreichen von unten mit dem Fingernagel des Daumens nach.

An den Dangl werden zum leichten Mähen folgende Anforderungen gestellt:

112
Keildangl (oben)
und Hohldangl
(unten).

- Er muss die nötige Dünne und Schärfe aufweisen.
- Er sollte gleichzeitig widerstandsfähig gegen zu schnelle Abnutzung sein.
- Er muss die Voraussetzungen für wirksames Wetzen mit dem Wetzstein bilden.

Im wesentlichen wird zwischen zwei Danglformen unterschieden:

- Hohldangl und
- Keildangl.

Hohldangl

Der Hohldangl entsteht, wenn die Sense beim Dengeln nicht waagerecht geführt wird. Der Dengler führt dabei die Sense so, dass der Rücken des Sensenblattes beim Dengeln mit der Schneide nicht waagerecht, sondern erhöht zur Schneide steht. Der Hohldangl hat zwei gravierende Nachteile:

- Die Schneide läuft nicht keilförmig aus, sondern steht im leichten Rundbogen hoch. Das führt dazu, dass beim Mähen der Dangl nicht die Halme durchtrennt, sondern umdrückt, so dass sich die Gräser im Laufe der Mähbewegung wieder hinter dem Sensenblatt aufrichten;
- Beim Nachschärfen mit dem Wetzstein kann der Dangl nicht richtig bestrichen werden. Die gebogene Schneide bewirkt, das der Wetzstein auf der Schnittkante des Dangls aufliegt. Die Folge ist, dass die Schneide stumpf gewetzt wird.

Keildangl

Die richtige Form des Dangls, welche Schärfe und Widerstandsfähigkeit in sich vereinigt und sich gleichmäßig mit dem Wetzstein bestreichen lässt, ist der dünn auslaufende Keildangl. Unter dem Keildangl ist folgendes zu verstehen: Der Übergang vom Blatt zum Riefen und von diesem zum Dangl ist allmählich. Riefen und Dangl zusammen bilden annähernd einen Keil. Bei der Fingernagelprobe am Grassensenblatt gibt der bis zu 0,1 mm dünne Dangl in einer Breite von etwa 1,5 mm nach.

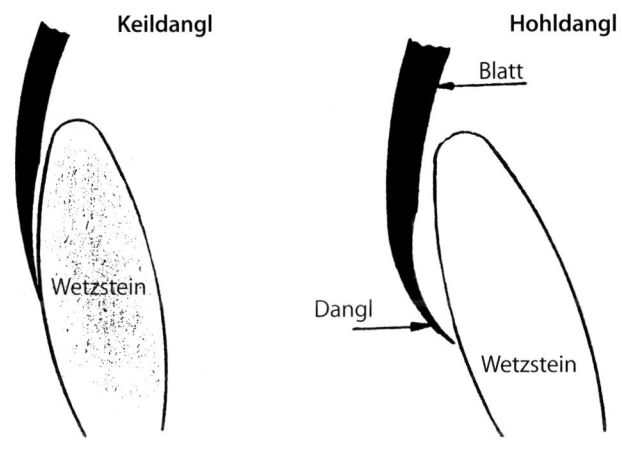

Keildangl   Hohldangl

Blatt

Dangl

Wetzstein   Wetzstein

114
Wetzen eines
Keildangls (links)
und eines Hohl-
dangls (rechts).

61

Wie wird ein Keildangl gedengelt?

Im folgenden beschreibe ich die Arbeitsweise beim Dengeln für den Keildangl auf einem Amboss mit schmaler Bahn und einem Dengelhammer (500 g) mit breiter Schlagfläche, wobei die Innenseite der Sense gedengelt wird. Die Sense wird dabei von links nach rechts über den Dengelamboss bewegt.

Dengeln eines Keildangls in 4 Bildern (114 bis 117):

114 (links) Dengler mit Sense in Ausgangsposition.

115 (Mitte) Bart liegt mittig auf dem Amboss Hammer darüber.

116 (rechts) Die linke Hand hält die Sense, der Mittelfinger unterstützt die ruhige Führung.

Arbeitsschritte:

- Zum Dengeln wird das Sensenblatt vom Sensenstiel abgenommen. So lässt sich die Sense beim Dengeln leichter führen.
- Man setzt sich so auf den Dengelstock, dass der Dengelamboss zwischen den Oberschenkeln steht und man das Sensenblatt mit Hilfe der Oberschenkel ruhig in der Waagerechten halten kann.
- Das Sensenblatt wird vom Bart zur Spitze hin gedengelt. Die Dehnung des Metalls wird dadurch begünstigt. Der Schlag soll ziehend zum Körper hin erfolgen.
- Die linke Hand hält das Sensenblatt und legt es am Bart mit der Schneide waagerecht auf den Amboss. Es ist dabei unbedingt darauf zu achten, dass die Schneide mittig auf dem Amboss aufliegt. Um eine gleichmäßige, mittige Führung während des Dengelns beizubehalten, stützen Sie den Mittelfinger der linken Hand unterhalb des Sensenblattes am Dengelamboss ab.

- Das Sensenblatt liegt auf dem linken Oberschenkel auf. Durch Heben oder Senken des Oberschenkels kann man das Sensenblatt in der Waagerechten ausbalancieren. Während des Dengelvorganges wandert das Sensenblatt von der linken zur rechten Körperhälfte. Ist die Schneide etwa zur Hälfte gedengelt, kommt der Bart des Sensenblattes auf dem rechten Oberschenkel zum Liegen. Für eine kurze Dengelstrecke wird so die Führung des Sensenblattes von beiden Oberschenkeln unterstützt, bis der rechte Oberschenkel alleine die Führung übernimmt.
- Während man mit der linken Hand das Sensenblatt in der Waagerechten mittig auf dem Amboss fixiert, wird mit der rechten Hand der Dengelhammer etwa 3 bis 4 cm über der Schneide gehalten und die Schlagbewegung ausgeführt.
- Mit leichten, gleichmäßigen Hammerschlägen aus dem Handgelenk heraus führt man eine zum Körper hin ziehende Schlagbewegung aus, während man mit der linken Hand das Sensenblatt im Schlagrhythmus langsam, millimeterweise, über den Amboss bewegt. Achten Sie darauf, dass Sie das Sensenblatt nicht zu schnell über den Amboss schieben. Um auf der ganzen Länge der Schneide einen gleichmäßig scharfen Dangl zu erzielen, muss das Klopfen der Schneide sorgfältig ausgeführt werden, indem die Hammerschläge unmittelbar nebeneinander auf der Schneide niedergehen. Auf diese Weise wird die ganze Schneide vom Bart bis zur Spitze dünn geklopft. Die Hammerschläge dürfen dabei nur den äußeren Rand der Schneide treffen.

117
Dengler mit Sense auf beiden Oberschenkeln.

Tipp: Dengelhammer mit Wasser anfeuchten

Feuchtet man die Schlagseite des Dengelhammers während des Dengelns ab und zu mit etwas Wasser an, ist besser zu erkennen, wo der letzte Schlag auf der Schneide niedergegangen ist. Genau zu treffen und zu sehen, wo der Hammer getroffen hat, ist beim Dengeln unverzichtbar.

Nagelprobe

118 (links)
Nagelprobe zur
Prüfung der
Sensenschärfe.

119 (rechts)
Der Dangl ist
dünn genug,
wenn er sich un-
ter dem Druck
des Daumenna-
gels leicht nach
außen wölbt.

Die Kunst des Dengelns besteht darin, dass ein 2 bis 4 mm breiter Streifen an der Schneide dünn ausgetrieben wird. Mit der Nagelprobe wird geprüft, ob der Dangl bei der Grassense die zum leichten Mähen erforderliche Dünne aufweist.

Dabei streicht man als Rechtshänder mit dem Fingernagel des Daumens der rechten Hand mit leichtem Druck unter dem Dangl der Schneide entlang. Ist der Dangl dünn genug, gibt er unter dem Druck des Daumennagels etwas nach, wölbt sich, was aussieht, als schimmere ein dunkler Schattenfleck durch das Metall. Sieht man den „Schatten" nicht, sollte die Schneide nochmals auf der ganzen Länge gedengelt werden.

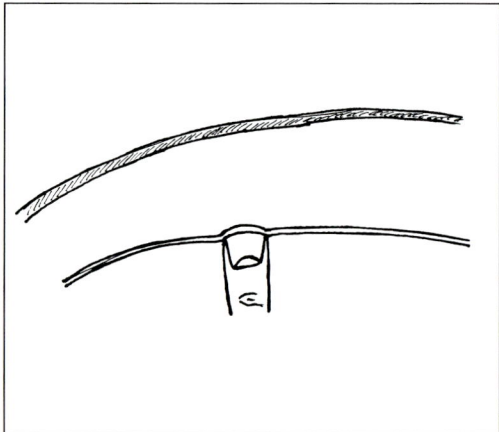

Wie oft muss gedengelt werden?

Jede im Gebrauch befindliche Sense muss mit der Zeit gedengelt werden, da sich beim Mähen die Schneide abnutzt. Gedengelt werden muss spätestens, wenn die Schärfe der Sense nachlässt und auch nicht mehr durch Wetzen mit dem Wetzstein hergestellt werden kann. Je nachdem, was gemäht wird, sollte die Sense spätestens nach 10 bis 12 Mähstunden gedengelt werden.

Es empfiehlt sich jedoch, eine Sense öfter zu dengeln, immer dann, wenn man merkt, dass sie beim Mähen nicht mehr leicht durch das Gras schneidet. Das heißt, es kann sinnvoll sein, seine Sense auch bereits nach 1 oder 2 Mähstunden zu dengeln. Die Schneide wird dann nur mit einem leichten, ziehenden Dengelschlag geklopft. Das häufige Dengeln gewährleistet, dass die Schneide immer die richtige Stärke aufweist und durch das kalte Verdichten der Molekülstruktur entsprechend schnitthaltig ist. Der Zeitaufwand zum Dengeln ist dann wesentlich geringer und beträgt etwa 10 bis 15 Minuten.

Welcher Dangl für welches Mähgut?

Unter der Überschrift „Werden alle Sensen gedengelt?" (S. 54) wurde bereits angesprochen, dass es spezielle Sensen für die verschiedenen Mäharbeiten gibt. Entscheidend für die Art des Dangls ist, welcher Aufwuchs gemäht wird. Das heißt, die Breite des Dangls richtet sich nach der Schnittigkeit des Mähgutes.

- Beim Mähen von hartem Gras, verholzten Brennnesseln oder auf steinigem Untergrund soll der Dangel keilförmig, schmal und nicht zu dünn sein. Der schmale Dangl ist robuster, wenn er auf härtere Stängel, verholzte Baumschösslinge oder Steine trifft. Dieser Dangl soll bei der Fingernagelprobe nicht nachgeben.
- Vor allem für weiches, feines Gras und Wiesenkräuter braucht man einen etwa 4 mm breiten und sehr dünnen Dangl. Dieser Dangl sollte bei der Fingernagelprobe etwa 1 bis 1,5 mm nachgeben.

Risse und Scharten an der Schneide

Beim Mähen mit der Sense kommt es auch beim aufmerksamsten Mäher hin und wieder zu unliebsamen Zwischenfällen mit Steinen, Schösslingen und anderen, die Schneide beschädigenden Hindernissen. Wenn die Grassense versehentlich auf einen im Gras verborgenen Stein oder eine hochstehende Wurzel trifft, kann es leicht passieren, dass der betreffende Teil der Schneide auf einer Breite von 10 mm und mehr ausbricht oder gar bis zu einem halben Zentimeter und mehr einreißt. Selbst verholzte Brennnesselstängel verwandeln im Nu einen dünnen, glatten Dangl in ein ausgefranstes „Sägeblatt".

Beschädigungen an der Schneide wie Risse und Scharten beeinträchtigen die Schnittfähigkeit und erschweren das leichte Mähen mit der Sense. Dengeln ist die einzige Methode, um solche Schäden zu beheben.

Risse und Scharten können beim Dengeln beseitigt werden. Risse und Scharten, die 5 Millimeter und tiefer ins Sensenblatt hineinreichen, lassen sich in der Regel nicht mehr reparieren. Gerade in den schmalen Rissen können sich Halme festhängen und den Mähschwung ausbremsen. Nicht selten führt das dazu, dass die Risse weiter ins Blatt wachsen und das Sensenblatt bricht. In diesem Fall ist die Sense nicht mehr zu gebrauchen.

Dengeln von Scharten

Scharten sind breitere Beschädigungen an der Schneide. Sie entstehen unter anderem, wenn die Schneide beispielsweise auf einen verholzten Baumschössling oder einen aus der Erde hervorstehenden Stein trifft. Dann kann die Schneide auf einer Breite von einigen Millimetern bis zu 1 Zentimeter und mehr einkerben. Ob sich solche Scharten beim Dengeln beheben lassen, ist nicht von der Breite, sondern von deren Tiefe abhängig, also wie weit sie ins Sensenblatt hineinreichen. Ein erfahrener Dengler schafft es, Scharten mit einer Tiefe von 5 mm beim Dengeln so auszutreiben, dass die Beschädigungen nicht mehr zu sehen sind. Scharten, die jedoch tiefer ins Sensenblatt hineinreichen, lassen sich in der Regel nicht mehr beheben und machen das Sensenblatt unbrauchbar.

Hat die Schneide der Sense beispielsweise eine 6 mm breite und 3 mm tiefe Scharte, wird wie folgt gearbeitet:

120
Scharten an einer Schneide.

- In Anlehnung an die beschriebenen Arbeitsschritte beim Dengeln eines Keildangls (siehe S. 61), wird auch hier die Innenseite des Sensenblattes gedengelt. Gedengelt wird jedoch nur der Bereich der Scharte, d.h. im angenommenen Fall auf einer Breite von etwa 10 bis 12 mm.
- Mit der ziehenden Schlagtechnik wird das Metall aus der Tiefe der Scharte bis auf das vordere Danglniveau gestreckt. Dazu wird die Scharte auf der gesamten Länge mehrmals geklopft.
- Steht der Dangl im Randbereich der Scharte etwa 1 mm gegenüber dem unbearbeiteten Dangl vor, wird dieser Überstand mit einem feinen bis mittelfeinen Kunstwetzstein auf das ursprüngliche Niveau des Dangl abgewetzt.
- Danach wird die Scharte wieder mit der ziehenden Schlagtechnik beklopft und der Überstand abgewetzt. Bei jedem Dengelgang sieht man, wie sich die Scharte verkleinert. Auf diese Weise wird gearbeitet, bis die Scharte geschlossen ist, d.h. bis der Dangl wieder eine glatte Bahn bildet.

Soll bei einer abgenutzten Schneide mit Scharten ein neuer Dangl aufgezogen werden, sind zuerst die Scharten auf die oben beschriebene Weise zu beseitigen, und erst danach wird die Schneide auf der ganzen Länge gedengelt.

121 (links)
Dengeln einer Scharte.

122 (rechts)
Nach dem Dengeln der Scharte wird der Überstand abgewetzt.

Fehlerhafter Dangl

Unsachgemäßes Dengeln führt in der Regel zu Beeinträchtigungen der Schneide, welche die Sense unschnittig machen oder derart beschädigen, dass sie nicht mehr zu gebrauchen ist. Unterschieden wird:

- Hohldangl (siehe oben),
- Zackendangl,
- Wellendangl.

Hohldangl und Zackendangl lassen sich von einem erfahrenen Dengler wieder richten, während der Wellendangl sich nicht mehr beheben lässt und die Sense dauerhaft unbrauchbar macht.

Der *Hohldangl* entsteht, wenn das Sensenblatt beim Dengeln nicht waagerecht über den Dengelamboss geführt wird und sich der Dangl dadurch bogenförmig aufstellt. Das führt dazu, dass beim Mähen die Schneide die Halme nicht schneidet, sondern umdrückt, so dass sich die Gräser im Laufe der Mähbewegung wieder hinter dem Sensenblatt aufrichten.

123
Zackendangl auf
Kupferblech.

Der *Zackendangl* entsteht, wenn das Sensenblatt beim Dengeln zu schnell über den Dengelamboss bewegt wird und dadurch nicht Dengelschlag neben Dengelschlag gesetzt wird. Dadurch wird das Metall an der Schneide nur lückenhaft und zwar zackenartig gestreckt. Solche Zacken an der Schneide beeinträchtigen die Schnittfähigkeit und verursachen unsauberes Mähen.

Der *Wellendangl* mit seinen berüchtigten wellenförmigen Wölbungen entsteht, wenn die Schneide zu stark ausgetrieben, zu weit gestreckt wurde. Solche Wölbungen an der Schneide machen das gleichmäßige Schärfen mit dem Wetzstein unmöglich, beeinträchtigen die Schnittfähigkeit und verursachen unsauberes Mähen. Diese Verwerfungen lassen sich meist nicht mehr reparieren, da das Sensenblatt seine Spannung verloren hat. Man muss beim Dengeln immer darauf achten, dass das Metall nicht mehr als 1 bis 1,5 mm gestreckt wird. Wird das Austreiben des Metalls an der Schneide übertrieben, entstehen zuerst kleine Haarrisse, danach Dellen und Wellen. Spätestens, wenn kleinste Haarrisse im Dangl zu sehen sind, sollte man das Austreiben des Metalls einstellen.

124 Wellendangl.

Pflege der Dengelwerkzeuge

Um einen guten Dangl herzustellen, ist es wichtig, dass die Schlagflächen an Dengelhammer und Dengelamboss sorgfältig geschliffen und poliert sind. Schlechte Pflege und zweckentfremdeter Gebrauch beeinträchtigen die Leistungsfähigkeit der Dengelwerkzeuge. Dengelamboss und Schlagfläche des Dengelhammers sollten nicht angerostet sein und dürfen keine Beschädigungen wie Kerben oder ähnliches aufweisen. Für die Pflege der Dengelwerkzeuge empfiehlt sich:

- die Schlagflächen von Dengelamboss und Dengelhammer von Zeit zu Zeit mit Stahlwolle zu polieren und mit WD-40-Öl oder Maschinenöl abzureiben;
- die Dengelwerkzeuge zum Schutz vor Rost immer im Trockenen aufzubewahren;
- die Dengelwerkzeuge ausschließlich zum Dengeln zu verwenden und nicht zweckentfremdet, also für andere Arbeiten zu benutzen. So sollte der Dengelhammer beispielsweise nicht zum Nageln verwendet und auf dem Dengelamboss nichts anderes als die Sense geklopft werden. Denn jede noch so kleine Beschädigung auf der Schlagfläche von Dengelhammer und Dengelamboss würde sich beim Dengeln fortwährend auf dem Dangl bemerkbar machen und diesen beschädigen.

Dengeln mit dem Dengelapparat

Wer sich die Arbeit mit Hammer und Amboss nicht zutraut oder merkt, dass es ihm an handwerklicher Geschicklichkeit fehlt, dem ist zu empfehlen, seine Sense je nach Beanspruchung gelegentlich mit einem Dengelapparat zu schärfen. Im Handel sind mehrere Geräte erhältlich, die nach unterschiedlichen mechanischen Verfahren die Schneide der Sense schärfen:

- nach dem Hämmerverfahren mittels Schlagbolzen,
- nach dem Walzverfahren mittels Walzplatten oder Kugeln.

Bei den Hämmerapparaten wird die Schneide, ähnlich wie beim Dengeln von Hand, mittels Schlagbolzen geklopft. Das Hämmerverfahren hat im Vergleich zum Walzverfahren unter anderem den Vorteil, dass der Dangl durch die bessere Verdichtung des Stahls widerstandsfähi-

125 (links)
Sensenleier.

126 (rechts)
Schlagdengler mit
Rückschlagfeder.

ger wird und länger die Schärfe hält. Mit Hilfe eines Schlagdengelap-
parates lässt sich bei richtiger Handhabung ein annehmbarer Dangl
erzielen.

Schlagdengler

Was Handhabung, Qualität des Dangls und Anschaffungspreis betrifft, kann ich vor allem den Anfängern die Anschaffung eines Schlagdenglers empfehlen. Sinn und Zweck dieses Dengelapparates ist es,
dem Dengler sowohl die Führung der Sense wie die Wahl der richtigen Danglbreite zu erleichtern. Der Schlagdengler ist auch für den
Laien aus mehreren Gründen einfach zu handhaben:

127 (links)
Schlagdengler
mit Sensenblatt.

128 (rechts)
Schlagdengler
auf einem Holz-
klotz montiert.

- Es braucht nichts eingestellt oder justiert werden.
- Bei sachgemäßer Handhabung kommt es zu keinen Fehlschlägen
  oder Beschädigungen der Sense.

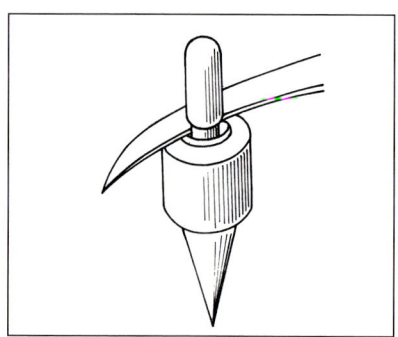

- Der Dangl wird zwar nicht so scharf wie bei einem erfahrenen Dengler zwischen Hammer und Amboss, aber doch so, dass man eine befriedigende Mähleistung erzielt.
- Dazu kommt, dass der Anschaffungspreis eines Schlagdenglers im Vergleich zu den meisten anderen Dengelapparaten recht günstig ist.

Der Schlagdengler besteht aus einem gehärteten, runden Metallkörper mit flacher Ambossbahn, aus dessen Mitte ein Metallbolzen vorsteht. Auf diesen Metallbolzen werden nacheinander, in zwei Arbeitsgängen, zwei verschiedene Schlaghülsen mit unterschiedlich geschliffener Schlagfläche aufgesetzt. Die eine Schlaghülse dient zum „Vordengeln". Sie zieht einen neuen, etwa 3,5 mm breiten Riefen auf. Die andere Schlaghülse dient zum „Feindengeln". Deren Schlagfläche ist konisch geschliffen und dengelt nur den äußersten Rand der Schneide.

129 Dengeln mit dem Schlagdengler.

Handhabung des Schlagdengelapparates

Vor dem Dengeln wird die Sense gut mit Wasser gesäubert. Gedengelt wird auch hier die Innenseite des Sensenblattes vom Bart zur Spitze. Die einzelnen Schritte:

- Das Sensenblatt wird waagerecht auf den Amboss und mit der Schneide an den Metallbolzen angelegt.
- Die Schlaghülse für den Riefen wird aufgesteckt. Mit einem 500 g Hammer klopft man auf den „Kopf" der Schlaghülse, dabei drückt sich die Bahn der Schlaghülse in die Schneide und streckt das Metall. Auf diese Weise wird die ganze Länge der Schneide geklopft und ein Riefen mit etwa 3,5 mm Breite aufgezogen.
- Ist die Schneide glatt und weist keine Scharten auf, wird bei der richtigen Schlagfrequenz die Sense mit jedem Hammerschlag durch die Drehbewegung der Schlaghülse über den Amboss bewegt. Rutscht das Sensenblatt beim Dengeln nicht weiter, wird mit der linken Hand das Sensenblatt langsam weitergeschoben.
- Ist der Riefen aufgezogen, wird zum zweiten Dengelgang die Sense wieder am Bart an den Metallbolzen angelegt, die zweite Schlag-

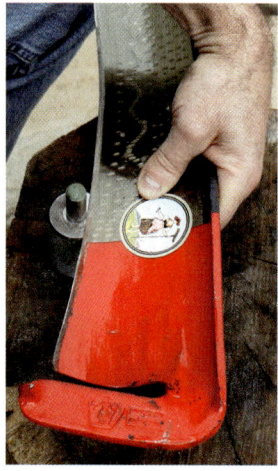  

130 (links)
Die Sense wird
auf den Am-
boss aufgelegt.

131 (Mitte)
Schlaghülse auf-
setzen und ...

132 (rechts)
... dengeln mit
dem Schlag-
dengler durch
gleichmäßiges
Hämmern auf
die Schlaghülse.

hülse zum Feindengeln aufgesteckt und erneut bis zur Spitze ge-dengelt;

• Besitzt der Dangl nach dem Wetzen bei einem Probeschnitt noch nicht die gewünschte Schärfe, wird die Schneide nochmals mit dem Schlagdengler geklopft.

Hat die Sense beim Mähen etwas an Schärfe verloren, reicht es zum Nachschärfen oftmals, bei einem ausreichend breiten Riefen die Schneide nur mit der zweiten Schlaghülse, dem Feindengler, zu klopfen.

Schärfen mit der Schleifmaschine

Die Schneide sollte keinesfalls am Schleifstein oder mit einer soge-nannten „Schleifhexe" geschärft werden, da das Sensenblatt beim Schleifen zu viel Substanz verliert und sich die Wärmeentwicklung un-günstig auf die Materialhärte, also auf die Widerstandsfähigkeit und Haltbarkeit der Schneide, auswirkt. Schleift man eine Sense scharf, bringt man sie zugleich dem stumpfen Zustand immer näher, da die dünne und somit scharfe Schneide entfernt wird und die Schneide immer tiefer in das dickere Metall hinein reicht. Schärfen kann man die Sense dann nur noch mit dem komplizierten Hohlschliff, welcher jedes Mal noch mehr Material kostet und das Sensenblatt immer schneller verbraucht.

Zudem wird beim Schleifen nicht die Verdichtung des Materialgefüges erreicht. Es entsteht ein weicher Dangl, der zwar scharf ist, aber die Schärfe beim Mähen nur wenige Quadratmeter hält, da er sich schnell verbraucht. Einer geschliffenen Sense fehlt die Schnitthaltigkeit. Die Folge sind allzu häufige Wetzpausen beim Mähen, bei denen die Sense nachgeschärft werden muss.

133 Schärfen mit der Schleifmaschine.

Das Mäher-ABC

Anmähen Bezeichnet bei Mähbeginn die ersten Sensenhiebe.

Anstellen Damit ist gemeint, das Sensenblatt in einem bestimmten Winkel am Sensenbaum zu befestigen, damit mit geringstem Kraftaufwand möglichst lange eine gute Mähleistung erzielt wird.

Ausschwaden Es wird so gemäht, dass das abgeschnittene Gras durch den Schwung der Sense auf der bereits freigemähten Fläche in einer langen Reihe zum Liegen kommt.

Ausmähen Vom Ausmähen ist die Rede, wenn Gräben und Baumscheiben freigemäht werden.

Bart wird bei einer Sense für Rechtshänder das rechte, breite Ende des Sensenblattes genannt.

Dangl ist der äußerste Teil des Riefens (Schneide), der bei einer Grassense beim Bestreichen mit dem Fingernagel nachgibt.

Dengeln Regional auch als „Tengeln" oder „Klopfen" verwendete Bezeichnung für das Schärfen von Sense und Sichel. Dabei wird die Schneide zwischen Dengelamboss und Dengelhammer dünn ausgetrieben.

Dengelamboss, regional auch „Haarstock" oder „Dengeleisen" genannt, ist ein kleiner Amboss, auf dem die Sense mit dem Dengelhammer geschärft wird.

Dengelapparat Mechanische Vorrichtung zum Schärfen der Sense, welche die Handarbeit mit Dengelhammer und Dengelamboss zu ersetzen versucht.

Dengelhammer Spezieller Hammer zum Schärfen der Sense, mit dem die Schneide der Sense dünn ausgetrieben wird.

Dengelstock, auch Dengelbock oder Dengelhocker genannt. Es handelt sich dabei um Steinblöcke, Stammabschnitte oder selbstgebaute Hocker, auf denen der Dengelamboss befestigt wird und der Dengler während der Arbeit sitzt.

Ferse bezeichnet die Stelle am Sensenblatt, an welcher der Rücken in die Hamme übergeht. Gelegentlich wird die „Ferse" auch „Hals" genannt.

Finger ist eine alte von Mähern überlieferte Maßeinheit. Sie wird vor allem beim Anstellen des Sensenblattes am Sensenbaum verwendet, aber auch um die Höhe des Zirkels oder die Höhenstellung der Hamme anzugeben.

Finne wird die schmale Schlagseite des Dengelhammers genannt.

Firmle bezeichnet die Stelle am Sensenblatt, an welcher der Sensenrücken etwas flacher wird und in die Spitze übergeht.

Hamme wird die schmale, abgewinkelte Verlängerung des Sensenblattes zur Befestigung am Sensenstiel genannt.

Hohldangl   Ein fehlerhafter Dangl. Die Schneide stellt sich dabei am Dangl bogenförmig auf.

Horizontalschnitt   ist gegeben, wenn die Höhenstellung der Schneide nicht stimmt. Die Halme werden im flachen Horizontalschnitt geschnitten. Führt dazu, dass sich der Dangl schnell abnutzt.

Keildangl   Der Dangl, welcher Schärfe und Widerstandsfähigkeit in sich vereinigt und sich gleichmäßig mit dem Wetzstein bestreichen lässt. Unter dem Keildangl ist folgendes zu verstehen: Der Übergang vom Blatt zum Riefen und von diesem zum Dangl ist keilförmig.

Mahd   wird im Volksmund die gemähte Fläche genannt.

Nagelprobe   Durch Bestreichen mit dem Daumennagel wird geprüft, ob der Dangl ausreichend dünn gedengelt ist.

Riefen   Überlieferte Bezeichnung aus dem Mäherjargon für die etwa 2 bis 4 mm breite Schneide am Sensenblatt.

Ringschraube   ist ein spezieller Sensenring.

Rücken   bezeichnet die zur Versteifung des Sensenblattes aufgekrempelte Verdickung des Sensenblattes, die von der Spitze bis zur Ferse reicht.

Scharten   sind flächige Ausbrüche an der Schneide. Sie entstehen, wenn man beim Mähen mit der Schneide gegen Steine oder verholzte Pflanzen trifft.

Schlagdengler   Ein Dengelapparat, der nach dem Hämmerverfahren mittels Schlagbolzen funktioniert.

Schneide   ist die Schnittkante der Sense, welche sich aus dem Riefen und dem Dangl zusammensetzt.

Schnitthaltigkeit   gibt an, wie lange man mit einer Sense mähen kann, bis die Schneide geschärft werden muss.

Schnitthöhe   sollte beim Mähen so hoch liegen, dass die gemähte Wiese noch grün aussieht. Dazu darf die Schneide beim Mähen nicht den Boden berühren, sondern ist in leichter Schrägstellung vom Boden weggerichtet.

Schrägschnitt   Beim Mähen sollte die Sense im Schrägschnitt schneiden, d.h. von unten nach oben.

Sensenbaum   Bezeichnung für den Stiel, an dem das Sensenblatt befestigt und die Sense beim Mähen geführt wird.

Sensenring   Auch Sensenschloss genannt, unentbehrliches Teil zur Befestigung des Sensenblattes am Sensenbaum.

Sensenschlüssel   ist ein L-förmig gebogener, vier- oder sechskantiger Metallstift zum Anziehen oder Lockern der Schrauben am Sensenring.

Steinspitze   Manche Sensen haben eine dornartig verstärkte Spitze. Diese werden „Steinspitze" oder „Schnabel" genannt. Die verstärkte Spitze schützt das Sensenblatt vor Beschädigungen, wenn die Sense beim Mähen beispielsweise gegen ein Hindernis stößt.

Schwad bezeichnet das abgemähte Gras, das am Ende des Mähschwunges auf einem Haufen zum Liegen kommt.

Vorholen Begriff aus dem überlieferten Mäherjargon, der angibt, wie weit die Sense beim Mähschwung in den stehenden Aufwuchs fährt.

Warze ist eine dornartige Erhebung an der Hamme, die der Befestigung des Sensenblattes am Sensenstiel dient.

Wellendangl Ein fehlerhafter Dangl, der entsteht, wenn die Schneide beim Dengeln zu weit gestreckt wird. Die wellenartigen Wölbungen lassen sich nicht mehr reparieren.

Worb Regionale Bezeichnung für den Sensenbaum, insbesondere für Holzsensenbäume.

Zackendangl Ein fehlerhafter Dangl, der entsteht, wenn nicht Dengelschlag neben Dengelschlag gesetzt wird. Dadurch wird das Metall an der Schneide nur lückenhaft, und zwar zackenartig gestreckt.

Zirkel nennt man den Bogen, den die Schneide der Sense von der Spitze bis zum Bart beschreibt.

Die Sensenwerkstatt

Die Sensenwerkstatt ist eine Museumswerkstatt, die sich der Pflege und Weitergabe alter Handwerkskunst sowie der ökologischen Natur- und Landschaftspflege widmet. In der Werkstatt selbst sind allerlei Gerätschaften, Werkzeuge und Bilddokumente rund um das Mähen mit der Sense ausgestellt. Hier kann man auch seine Sense begutachten, dengeln und einstellen lassen.

Des weiteren bietet die Sensenwerkstatt:

- Verkauf von Sensen und Zubehör,
- Individuelle Beratung beim Sensenkauf,
- Einstellen der Sense auf den Mäher,
- Anleitung zum leichten Mähen und zum Dengeln.

Die Sensenwerkstatt kommt auch zu Ihnen. Privatpersonen, Vereine und Veranstalter können buchen:

- Sensenmäh- und Dengelkurse,
- Dengelwerkstatt: Die mobile Dengelwerkstatt zeigt Dengelwerkzeuge und Dengelapparate von früher und heute, sowie allerlei Thematisches rund um das Dengeln. Vorgeführt werden Dengelapparate und verschiedene Dengeltechniken,
- Historische Sensenausstellungen mit Dengelvorführungen und Verkauf bei:
  - Umwelt- und Naturschutztagen,
  - Garten- und Bauernmärkten,
  - historischen Volksfesten und ähnlichen Veranstaltungen.

Die Sensenausstellung zeigt:

- historische und neue Sensenblätter aus verschiedenen europäischen Ländern in unterschiedlichen Formen, Längen, Breiten und Verzierungen,
- Sonntags- und Kniesensen,
- historische und neue Sensenstiele zum Grün- oder Getreideschnitt,
- historisches Sensenzubehör, wie Wetzsteinbecher und Dengeleisen,
- historische Fotos, Werbe- und Verkaufsplakate,
- historische Sensenetiketten und Postkarten,
- Bildtafeln zur Heu- und Getreideernte, zu Erntebräuchen und Sensenherstellung.

Die Sensenwerkstatt · Bernhard Lehnert
Allmendweg 54, 66453 Gersheim-Walsheim
Tel.(0049) 06843 8593 oder (0049) 06843 800835
E-mail: lehnert@sensenwerkstatt.de

Öffnungszeiten: Dienstag und Freitag von 15.00 – 18.00 Uhr
oder nach telefonischer Vereinbarung

Weitere Bücher im ökobuch Verlag

Gottfried Haefele, Wolfgang Oed, Ludwig Sabel
Hauserneuerung
Instandsetzen - Renovieren - Modernisieren: eine Anleitung zur Selbsthilfe. Das Buch beschreibt ausführlich den behutsamen, handwerklich sachgerechten und umweltverträglichen Umgang mit alter Bausubstanz. 237 S., 200 Abb., 21 x 21 cm , 10. Aufl. 2006   25,50 €

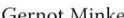

Ingo Gabriel, Heinz Ladener, Hrsg.
Vom Altbau zum Niedrigenergie- + Passivhaus
Energietechnische Gebäudesanierung in der Praxis: Nachträgliche Wärmedämmung der Gebäudehülle, Fenstererneuerung, Sanierung der Haustechnik einschl. Lüftung, Heizung, Sanitär und Elektro. 262 S. m.v.z.T. farb. Abb., 21 x 21 cm, geb. 7. überarb. u. verbess. Aufl. 2008   29,90 €

Gernot Minke
Dächer begrünen – einfach und wirkungsvoll
Ratgeber für die Begrünung von Wohn- und Bürogebäuden, Garagen und Carports. Mit Konstruktionsdetails, Dachaufbauten, Kosten u. Selbstbauhinweisen. 94 S. m.v.Abb., 17x24 cm, 3. Aufl. 2006   12,70 €

Claudia Lorenz-Ladener
Naturkeller
Grundlagen und praktische Anlagen für Planung und Bau von naturgekühlten Lagerräumen im Haus oder Freiland. 140 S. m.v.Abb., 7. verbesserte Auflage 2003   15,30 €

Claudia Lorenz-Ladener, Hrsg.
Holzbacköfen im Garten
Detaillierte Bauanleitungen vom einfachen Lehmofen bis zum gemauerten Brotbackhäuschen. Mit vielen Erfahrungen und Ratschlägen sowie pfiffigen Tips und Rezepten. 9. Aufl. 2006, 138 S.m.v.Abb.,   15,30 €

David Stiles
Kleine Baumhäuser und Hütten
... kinderleicht gebaut. Hier wird gezeigt, wie Baum- und Stelzenhäuser gebaut werden können. Mit Anleitungen für verschiedene Konstruktionen und einem Bildern von realisierten Beispielen. 93 S. mit vielen farb. Abb., 17x24 cm, 2. Aufl. 2007   11,95 €

Alan und Gill Bridgewater
Bauen mit Frischholz
Frisches grünes Holz ist ein ausgezeichnetes Material, um mit einfachen Werkzeugen und in kurzer Zeit schöne, nützliche Dinge für den Garten herzustellen: Behälter, Spaliere, Bänke, Zäune, Obelisken, Sichtschutzelemente, u.v.m. 1. Aufl. 2002, 80 S. m.v. farb. Abb., A4 geb.   18,90 €

Heidi Howcroft
Gestalten mit Holz im Garten
Bodenbeläge, Holzdecks, Zäune, Rankgerüste, Lauben. Bauanleitungen
und Ideen für Nützliches und Dekoratives aus Schnittholz und aus grünem
Holz, die zeigen, wie vielfältig und formschön sich Holzwerk in den Garten
einbinden lässt. 135 S. m.v. Abb., 21 x 21cm geb. 2. Aufl. 2006   19,90 €

Dorit Berger
Färben mit Pflanzen
Färbepflanzen - Rezepte - Anwendung. Aufbereitung und Anwendung
heimischer Pflanzen zum Färben von Wolle u. Stoff werden in vielen Rezepten beschrieben. 1.Aufl. 2006, 96 S. m.v. farb. Abb., 17x24 cm, 12,95 €

Lynn Edwards, Julia Lawless
Naturfarben-Handbuch
Natürliche Farben und Anstriche für Wände, Holzböden und Möbel selbst
herstellen und anwenden: Rezepturen, Maltechniken und kreative Raum-
gestaltung. Durchgehend farbig! 2. Aufl. 2007, 190 S. 19x28,6 cm 29,90 €

Maggy Howarth
Kieselstein-Mosaik
Schöne Böden für Wege und Lieblingsplätze im Garten selbst gestalten.
Exakte Anleitungen für einfache und fortgeschrittene Arbeiten mit Tips
aus der Praxis. Viele Gestaltungsvorschläge geben Anregung für eigenes
kreatives Schaffen. 118 S. m.vielen z.T. farb. Abb., 2. Aufl. 2004   20,40 €

Holger König, Peter Weissenfeld
Holzschutz ohne Gift
Holzschutz und Holzoberflächenbehandlung in der Praxis mit vielen
Anleitungen und Rezepten für alle, die in Haus und Hof selbst zum Pinsel
greifen. 15. Aufl. 2003, 172 S. m.v. Abb., 17 x 24 cm br.   15,30 €

Annelore und Susanne Bruns
Biogarten Handbuch
Anleitung zum naturgemäßen Gärtnern in Bildern. Hier wird das not-
wendige Wissen vermittelt, um erfolgreich den Boden zu bestellen und
reichhaltig gesundes Obst und Gemüse zu ernten. 141 S. m.vielen Abb.,
17x24 cm, 2004   13,90 €

Annelore und Susanne Bruns
Werkbuch Biogarten
Anleitung zum handwerklichen Arbeiten in Bildern: Bau von Kompostbe-
hältern u. Frühbeeten, Pflanzengerüsten, kleine Lagerkeller, Kräuterspira-
len, Vogelnistkästen u.v.m. 112 S. m.vielen Abb., 17x24 cm, 2004 12,90 €

Susanne Bruns
Spiele für den Garten
Anleitungen für vergnügliche Spiele in und mit der Natur. Lustige und
kurzweilige Lauf-, Wurf-, Wasser- Gedulds- und Geschicklichkeitsspiele
mit exakten Bauanleitungen zur Herstellung der Spielgeräte. 124 S. m.vielen
Abb., 17x24 cm, 2004   12,90 €

Susie Vaugham
Einfach Korbflechten
mit Ruten und Zweigen aus dem Garten und vom Wegesrand. Hier wird gezeigt, wie das Flechten formschöner, farbiger Körbe mit einfachen Techniken zu erlernen ist. 80 S., farbig, 21 x 21 cm, geb. 1. Aufl. 2005   13,90 €

Claudia Lorenz-Ladener, Hrsg.
Lauben und Hütten
Einfache Paradiese zum Selbstbauen. Bauanleitungen für schnell zu errichtende Behausungen (Tipi, Baumhaus, Kuppelbau, Hogan etc.), sowie für schöne Lauben für den Garten. 3. Aufl. 2006, 190 S. m.v.Abb., 22,50 €

Jon Warnes
Mit Weiden bauen
Anleitungen für Zäune, Laubengänge, Sitzplätze und grüne Kuppeln. Pflanzen und Arbeiten mit lebendem Material, aus dem sich viele schöne, nützliche Dinge herstellen lassen. 3. Aufl. 2004, 60 S. farbig, geb.   12,95 €

Daniel Mack
Möbel aus Wildholz
Wieviel Äste braucht ein Stuhl? Der Autor stellt moderne Wildholzmöbel vor und beschreibt, worauf es bei der Holzauswahl ankommt, wie Wildholz bearbeitet u. zu Möbeln zusammengefügt wird. 168 S.m.v.Abb.,   25,50 €

Terre Vivante, Hrsg.
Natürlich konservieren
Die 250 besten Rezepte, um Gemüse und Obst möglichst naturbelassen haltbar zu machen und Vitamine, Nährstoffe und Geschmack zu erhalten. 157 S. m.v.Abb., 2005   13,90 €

Karl-Heinz Böse
Regenwasser für Garten und Haus
Ratgeber für Planung und Bau von Regenwassersammelanlagen nach dem Stand der Technik: Bemessung, Genehmigung, Speichertanks, Pumpen, Rohrleitungen und Zubehör. 109 S. m. v. Abb., A5, 4. Aufl. 2004   10,20 €

Hans J.K. Flöel
Richtig Brennholz machen
Vom Fällen bis zum richtigen Feuern zeigt das Buch welche Holzarten, Arbeitstechniken und Werkzeuge am besten geeignet sind, um den Brennstoff Holz selbst aufzubereiten. 77 S. m. v. farb. Abb. 2007   9,95 €

Hans-P. Ebert
Heizen mit Holz
Holzeinkauf, Zurichten des Waldholzes, Lagerung und Trocknung, Anforderungen an Feuerstelle und Schornstein, verschiedene Ofentypen u. ihre Einsatzbereiche. 160 S. m.v. Abb., 12. verbess. Aufl. 2007   10,95 €

Preisstand: 1.5.2008 Die Bücher erhalten Sie in allen Buchhandlungen!

ökobuch
Verlag GmbH · Postfach 1126 · 79216 Staufen

℡ 07633-50613 · ✉ 50870 · email: oekobuch@t-online.de · http://www. oekobuch.de